Nimm dir Zeit ...

1. Auflage, Juli 2010

Herstellung und Verlag: Books on Demand GmbH, Norderstedt
Layout & Satz: Michael Kudla, www.michael-kudla.de
ISBN 978-3-8423-0058-3

Mehr Informationen zum Buch und zum Autor, sowie eine Ebook-Version dieses Buches finden Sie unter www.tu-was-du-liebst.de.

Sie können dem Autor schreiben an info@tu-was-du-liebst.de oder Fan werden unter www.facebook.com/tuwasduliebst.

Tu was Du liebst

– und Du musst nie wieder arbeiten!

Samuel Woitinski

„Wenn du tust, was du liebst,
und bereit bist,
dafür Geld zu nehmen,
lässt sich dein Erfolg gar nicht
vermeiden!“

- Samuel Woitinski

Was dich erwartet ...

Vorwort

von Veit Lindau

Was bedeutet Arbeit für dich?

Leider reduzieren wir unseren Job oft auf ein Mittel zum Geldverdienen. Doch authentische Arbeit umfasst viel mehr als Geld oder Karriere. Ich möchte dich gern einladen, Arbeit einmal aus folgender, verrückender Perspektive zu betrachten:

Deine Arbeit spiegelt wieder, was du glaubst und was du wertschätzt.

Arbeit ist dein Selbstausdruck in dieser Welt.

Ein Manifest deiner Bewusstseinsreife, deiner einzigartigen Qualitäten und Fähigkeiten.Was macht es mit unserem Selbstbewusstsein, wenn wir acht bis zwölf Stunden eines Tages in einem Leben verbringen, das **nicht** unseren wahren Werten entpricht? Samuels Buch stellt eine kühne Behauptung auf: Es ist möglich, ganz genau das zu tun, was du liebst und damit auch noch erfolgreich zu sein.

Ich kann dem nur ergänzend zustimmen: Herauszufinden, was du wirklich liebst und dich mit deinen Gaben der Welt zu schenken, ist der einzige Weg, auf Dauer Erfolg und Erfüllung zu vereinen.

Was ich an Samuels Buch am meisten schätze: **Es ist weitaus mehr als eine Sammlung wohlklingender Ideen und Konzepte. Es birgt eine konkrete, wirksame und frisch animierte Anleitung zur Schatzsuche.**

Der Schatz bist du selbst. Jeder Mensch bringt eine faszinierende, einzigartige Mischung an Fähigkeiten, Intelligenzen und Neigungen mit auf diese Welt. Mutter Theresa schrieb einmal sinngemäß:

„Das Leben ist ein Versprechen. Erfülle es."

Das Buch, das du gerade in deinen Händen hältst, fordert dich ernsthaft und dennoch leicht heraus, dein Versprechen an die Welt klar zu erkennen, zu formulieren und vor allem zu leben.

Im Kern geht es um eine oft zitierte Erfolgs-Weisheit:

„Finde heraus, was du liebst.
Werde darin richtig gut
und diene der Welt.
Dann beschenkt die Welt auch dich!“

Der Wert dieses Buches ist sein konkreter, praktischer Effekt. Es nimmt dich an die Hand und geleitet dich Schritt für Schritt zu jener inneren, wohltuenden Klarheit, die du für deinen äußeren Erfolg brauchst.

Komplexe Themen werden durch eine wohldurchdachte Mischung aus Information, Fragen und Übungen einfach und übersichtlich dargestellt. Samuel ist es gelungen, **den Inhalt eines intensiven Workshops didaktisch locker zu vermitteln**. Auf jeder Seite ist zu spüren, dass der Autor lebt, was er vermittelt. Das Buch ist mit viel Liebe gestaltet.

Ich kann es dir wärmstens empfehlen, **wenn du klarer herausfinden willst, was du der Welt zu geben hast**.

Folge deinem Ruf.
Traue dich,
bemerkenswert zu sein.

Das schönste Geschenk, was du mit uns teilen kannst, bist du selbst.

Mit herzlichem Gruß,

Veit Lindau
Coach, Trainer und Autor für integralen Erfolg
Mitbegründer des integralen Netzwerks Life Trust (www.lifetrust.info)

ES IST MÖGLICH!

Ich las im Handelsblatt vom 5.März 2009:

„90 % aller Deutschen unzufrieden mit ihrem Job."

Unglaublich! dachte ich. Neun von zehn Menschen sind unglücklich mit ihrer Arbeit. Dabei verbringen wir mindestens ein Drittel unseres Tages im Beruf – Fahrtzeiten mit eingerechnet sogar deutlich mehr. An durchschnittlich 230 Tagen im Jahr stehen wir morgens auf, quälen uns aus dem Bett zur Arbeit, wo wir uns stundenlang mit Dingen herumplagen, zu denen wir keinen Bezug haben und die uns nicht liegen. Abends kommen wir dann mit entsprechender Laune erschöpft und ausgelaugt nach Hause, legen uns auf die Couch vor den Fernseher und suchen nur noch Ablenkung.

Wo bleibt dann noch Zeit, um glücklich zu sein?

Es ist noch nicht einmal fünf Jahre her, dass auch ich zu diesen 90% gehörte: Ich arbeitete in einem Job, der mich nicht erfüllte. Ich erledigte einen Haufen Dinge, die mich nichts angingen und musste einfach nur funktionieren. Dabei verdiente ich noch nicht einmal viel Geld. Und was ich verdiente, empfand ich als eine Art Schmerzensgeld – Geld, das man mir zahlte, dafür, dass ich die Zähne zusammenbiss, durchhielt und mich quälte.

Wenn Du auf dieses Buch aufmerksam geworden bist, wird es dir wahrscheinlich ähnlich gehen. Vielleicht fragst du dich: Bin ich mit dem, was ich beruflich mache, wirklich glücklich? Will ich es bis zur Rente weitermachen? Freue ich mich jeden Morgen auf meine Arbeit? Mache ich etwas, das meinen Talenten und Bedürfnissen entspricht? Macht mir das Ganze wirklich Spaß? Und bekomme ich genug Geld dafür?

Wenn Du nur eine dieser Fragen mit „Nein" beantwortest, hast du das richtige Buch gewählt. Denn genau darum geht es hier: Dieses Buch wird dir zeigen, wie du tust, was du liebst – und damit auch noch richtig gut Geld verdienen kannst. Und falls du nicht mehr weißt, was du liebst: Kein Problem – auch hier werde ich dir helfen, es herauszufinden. Alles was du brauchst, ist ein Stift, drei Stunden Zeit – und den Wunsch, etwas verändern zu wollen. Vielleicht bist du zu Beginn etwas unsicher: Kann ich das wirklich? Definitiv ja! Mit diesem Buch nehme ich dich an die Hand. Ich zeige dir Schritt für Schritt, wohin du gehen musst, um aus dem Hamsterrad der Unzufriedenheit auszusteigen – und genau das zu tun, was zu dir passt und was du liebst. Und das nicht theoretisch. Theorie bringt dich nicht weiter. Was ich dir zeige, ist ganz praktisch. Viele Menschen haben es schon vor dir ausprobiert und sind sehr erfolgreich damit.

Was hast du zu verlieren? Wenn du dich tagtäglich einen Großteil deiner Zeit mit Dingen herumschlägst, die dir keine Freude bereiten, kannst du nicht glücklich werden. Unmöglich!

Und hier die gute Nachricht: Wenn du tust, was du liebst, lässt sich dein Erfolg gar nicht vermeiden. Es ist, wie mit einem Zug, der auf das richtige Gleis gesetzt wurde: Egal, ob er schnell oder langsam fährt, er wird seinen Zielbahnhof erreichen. Die Schienen werden ihn direkt dorthin bringen. Dieses Buch ist die Schiene für deinen Weg zu einem erfolgreicheren und glücklicheren Berufsleben.

Und es geht noch weiter: Wenn du tust, was du liebst, werden die Menschen bei dir Schlange stehen. Sie werden dir Geld zahlen, sogar viel Geld. Denn ich garantiere dir: Es ist möglich! Es gibt einen Weg, den jeder gehen kann. Einen Weg, der uns unweigerlich ans Ziel bringt. Ein Ziel, das vielen so unerreichbar scheint wie das gelobte Land oder das Paradies. Dabei liegt es gleich hier um die Ecke, nur zwei Straßen weiter. Und du kannst dort sein; viel schneller, als du denkst. Schon in einem Monat kann für dich alles ganz anders aussehen.

Ich weiß das, denn ich habe es geschafft. Ich tue das, was ich liebe. Ich nenne es nicht mehr arbeiten, weil es sich nicht wie Arbeit anfühlt. Also muss ich nie wieder arbeiten – und mein Geld verdient sich wie von selbst.

In diesem Buch wirst du lernen:

☑ Wie du deine Talente und Fähigkeiten entdeckst.

☑ Wie du Vertrauen in deine Fähigkeiten gewinnst.

☑ Wie du Menschen, mit dem, was du liebst, begeisterst.

☑ Wie du erkennst, wo du dich selbst sabotierst und dadurch hinderst, viel Geld zu verdienen.

☑ Wie du das Gefühl überwindest, nicht gut genug zu sein.

☑ Wie du mentale Hindernisse beseitigst, die deinem Glück im Weg stehen.

☑ Wie du den Mut gewinnst, dein Gehalt oder Honorar zu vervielfachen.

☑ Wie du deine Kreativität und deine Leidenschaft wieder entdeckst.

☑ Wie du Menschen findest, die genau das brauchen, was du kannst.

☑ Wie du garantiert jede Fähigkeit zu Geld machst.

Wie ich meinen Schatz fand ...

„Was tust du eigentlich so und was gefällt dir an deiner Arbeit am meisten?",

fragte mich eines Abends ein Bekannter, mit dem ich gerade auf meiner Couch bei einem gemütlichen Glas Rotwein saß. Wir kannten uns noch nicht gut. Er war jedoch aufrichtig an meiner Antwort interessiert. So fing ich an, die angenehmen Seiten meines Jobs zu beschreiben:

„Ich entwickle kreative Konzepte für Webseiten und erstelle für die Kunden Präsentationen", sagte ich.

Ich redete weiter und erklärte ihm mit wachsender Begeisterung, warum ich das so gut konnte und es mir so viel Spaß machte.

„Ich liebe es, die richtigen Worte und Bilder für meine Kunden zu finden und dann zu spüren, dass sie sich absolut verstanden fühlen", schwärmte ich.

„Mir gefällt es, ganz genau zuzuhören und mit meinen Fragen herauszufinden, was mein Kunde wirklich sagen, tun und erreichen will!". Meine Stimme wurde immer tiefer und fester.

„Das kannst du also gut?", fragte mein Bekannter.

Ich hielt einen Augenblick inne.

„Ja, das kann ich!", rief ich.

Kaum war der Satz heraus, durchströmte ein angenehmes Gefühl der Sicherheit meinen ganzen Körper. Ich freute mich, meine Fähigkeiten so klar und deutlich vor mir zu sehen. Plötzlich wusste ich, dass ich etwas Nützliches und Wesentliches konnte. Eine Freude, die ich vorher nie gekannt hatte!

„Wie viel verdienst du denn für diese schöne Arbeit?" fragte er mich.

„Viel zu wenig!" stellte ich entschlossen fest.

„Und musst du nicht auch Sachen machen, die dir nicht so gut gefallen?" wollte er noch wissen.

Und da merkte ich, dass meine Arbeitgeber mich die Dinge nicht so machen ließen, wie ich wollte und wie es mir Spaß machte. In Wirklichkeit lag der Anteil der Dinge, die ich wirklich mochte und gut konnte, unter 5 Prozent meiner gesamten Tätigkeit. In diesem Moment beschloss ich, nie wieder in meinem Leben etwas zu arbeiten, was mir nicht diese Freude bereitete. Gleich am nächsten Tag ging ich zu meinem Chef und kündigte meinen Job. Während der dreimonatigen Kündigungsfrist, auf die wir uns geeinigt hatten, dachte ich sehr viel nach. Wie war es möglich, einem Job nachzugehen, in dem ich 95 Prozent der Zeit Aufgaben erledigte, die ich nicht mochte? Kein Wunder, dass ich mich jeden Morgen aus dem Bett quälte und nur auf das Wochenende wartete. Wie war ich in diese Situation geraten? Woran lag es, dass ich mich bereitwillig in meinem Elan hatte bremsen lassen? Aus welchem Grund hatte ich all die Jahre nach meinem Studium ein so niedriges Honorar verlangt? Ich begann, mein Verhalten und meine Denkmuster näher zu analysieren und mich Schritt für Schritt von meinen Selbstbeschränkungen zu befreien: Zuerst ging ich meine Existenzangst an und beantragte erst gedanklich, später dann auch im realen Leben Hartz IV. Aus dieser „gesicherten" Position heraus fing ich an, großen Unternehmen das anzubieten, was ich liebte und was mir so große Freude bereitete. Dann lernte ich, für diese geliebte Tätigkeit immer mehr Geld zu fordern. Und siehe da – es funktionierte!

Das ist jetzt über drei Jahre her. Heute erstelle ich hauptsächlich Präsentationen und bekomme bis zu 1.000 EUR am Tag. Ich arbeite nur drei bis sechs Tage im Monat! Ich tue das, was ich liebe. Ich habe Erfolg. Ich bin glücklich. Das Leben fällt mir leicht und ich habe das Gefühl, nie wieder arbeiten zu müssen – weil ich das, was ich gerne mache, nicht als Arbeit empfinde.

Die Tu-was-du-liebst-Erfolgsformel

So sammelte ich in den letzten Jahren Erfahrungen. Während ich mich auf diese Weise selbstständig machte und mir das Leben immer mehr Spaß brachte, fiel mir auf, wie groß der Unterschied zu den Menschen war, die einer Arbeit lustlos und ohne jegliche Perspektive nachgingen. Ich begann, ihnen von mir zu erzählen. Ich wollte sie ermutigen, auch diesen Weg einzuschlagen; und der Wunsch, anderen dabei zu helfen, wurde immer stärker. Denn ich bin davon überzeugt, dass jeder sein berufliches Glück finden kann, wenn er nur weiß, wie. Aus diesem Grund beobachtete ich mich bei den Gesprächen, die ich führte, sehr genau. Dabei fiel mir auf, dass sie immer nach einem bestimmten Muster verliefen: Ich empfahl meinen Gegenübern, dieselben Schritte zu tun, die ich selbst gegangen war. Als ich dies bemerkte, verspürte ich den unwiderstehlichen Drang, näher zu erforschen, was ich eigentlich genau gemacht hatte, um erfolgreich zu werden – und dann die Ergebnisse aufzuschreiben. Meine Vermutung war, dass sich hinter meinen Erkenntnissen und Erfahrungen eine Gesetzmäßigkeit verbarg, die nicht nur für mich, sondern auch für andere sehr gut funktionieren könnte.

Ich beobachtete immer wieder genau, was das Gemeinsame war, was ich dem Taxifahrer, dem Schauspieler, dem Programmierer, dem Buchhändler, dem Masseur, dem Marktmann, der Sekretärin, der Fitnesstrainerin und vielen anderen in Gesprächen immer wieder empfahl. Alle waren unglücklich mit ihrer beruflichen Situation. Tief in ihrem Innern sehnten sie sich danach, mit Leichtigkeit und Freude Geld zu verdienen. Aber sie wussten nicht, wie.

Aus diesen Gesprächen verdichtete sich nach und nach eine Formel, die dem Weg zum Erfolg zu Grunde lag. Eine Formel, die immer gültig war, egal, in welchen Lebensumständen sich die Menschen befanden. Diese Formel zeigte mir genau, warum sie beruflich unglücklich waren – und sie zeigte mir auch den Ausweg. Ich entdeckte die Tu-was-du-liebst-Erfolgsformel:

Die Tu-was-du-liebst-Erfolgsformel besteht aus den vier Schritten:

Schritt 1: Finde heraus, was du liebst
Schritt 2: Sag laut: Ich kann das!
Schritt 3: Zeig dich mit dem, was du liebst und
Schritt 4: Trau dich, dafür Geld zu verlangen.

Diese vier Schritte haben mich dazu angeregt, dieses Buch zu schreiben. Sie bilden daher die vier Hauptkapitel. Sie werden dir dabei helfen, dich auf die Suche nach deinem Traum zu begeben. Du wirst einen Schatz bergen, der für ein glücklicheres Leben sorgt – weil du lernst, für das, was dir Spaß macht und leichtfällt, sehr viel Geld zu verlangen!

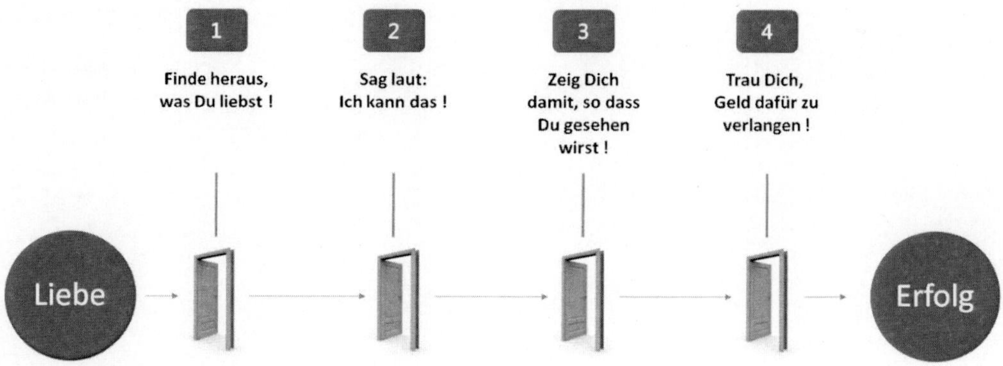

Kapitel I –

Finde heraus, was du liebst

„Solange du nicht weißt,
was du liebst,
besteht nicht einmal die Chance
auf ein erfülltes berufliches Leben!“

- Samuel Woitinski

Tu, was du liebst – aber was liebst du eigentlich?

Die Schatzsuche vorbereiten

Vor der Reise bedenke: Geld kommt an zweiter Stelle! Wenn du dich zu Übungszwecken einmal ganz von dem Gedanken löst, mit dem, was du liebst, Geld verdienen zu wollen, wird es dir viel leichter fallen, deinen Schatz zu finden. Befreie dich auf allen Seiten dieses Kapitels von dem Gedanken, dass du mit dem, was du liebst, Geld verdienen willst! Mache nicht den zweiten Schritt vor dem ersten. In diesem Kapitel geht es einzig und allein darum, welche Tätigkeit dir Freude und Spaß macht. Es geht darum, zu entdecken, was dich wirklich begeistert und womit du dich freiwillig den ganzen Tag beschäftigen würdest. Es handelt sich hier also nicht darum, etwas zu finden, was dich sofort finanziell absichert. Ich verspreche dir aber, dir in den kommenden Kapiteln viele gute Hinweise zu geben, wie du absolut jede noch so verrückte Sache, die du liebst, zu Gold machen kannst.

BEACHTE:
Es ist völlig in Ordnung, am Anfang noch nicht zu wissen, wie du mit deinem Schatz Geld verdienen kannst. Finde zuerst deinen Schatz. Alles andere ergibt sich später.

Einer meiner wertvollsten Schätze hieß zum Beispiel:

„Ich liebe es, Fragen zu stellen!"

Aber ich hätte diesen Schatz nie als Schatz erkannt, wenn ich von ihm sofort hätte wissen wollen, wie ich mit ihm Geld verdienen kann. Wie hätte ich auch wissen sollen, wie ich mit dieser verrückten Fähigkeit Geld verdienen könnte? Ich hatte ja noch keine Erfahrungen damit.

So wird es dir auf jeden Fall auch gehen, da du dich mit diesem Buch auf eine neue Reise begibst. Ich erinnere mich, dass ich mich selbst „überlisten" musste, indem ich mir diese Frage erst einmal andersherum stellte:

„Für welche meiner Fähigkeiten würde mir kein einziger Mensch etwas zahlen?"

Denn unbewusst dachte ich mir damals:

„Ich liebe es, Fragen zu stellen, aber das ist ja nichts wert, dafür würde mir nie jemand etwas zahlen ..."

Jetzt ist genau das eine meiner Kernkompetenzen, die ich im Geschäftsleben sehr oft einsetze und die meine Kunden so an mir schätzen!

Die Schatzsuche beginnt

Wenn wir wissen, was wir lieben, halten wir einen kostbaren Schatz in unseren Händen. Wenn wir diesen Schatz einsetzen, werden wir glücklich. Erinnere dich, schau dich um: Auch du kennst vielleicht jemanden, der schon in der Schule genau wusste, was er später einmal machen will. Es fiel ihm darum leicht, die richtige Richtung einzuschlagen und seiner Berufung zu folgen.

Ich selbst gehörte nicht zu diesen Auserwählten – und musste mich erst auf die Schatzsuche begeben. Fündig wurde ich, als ich meiner Freude folgte. Sie war ein Schlüssel, der mich durch ein Eingangstor direkt zu meinem Herzen führte.

Und ich fand heraus: So wie die Freude ein Schlüssel ist, so gibt es noch viele weitere Schlüssel, die das Tor zum Herzen öffnen.

Freude war ein Schlüssel. Aber dieser Schlüssel passte bei anderen Menschen nicht immer. Als ich einem Bekannten, der mit seinem Job unzufrieden war, die Frage stellte:

„Was macht dir denn so richtig Freude?",
gab er erst keine Antwort, überlegte lange und erwiderte dann:

„Ich weiß nicht".

Aber als ich weiterbohrte und fragte:

„Gibt es da nicht vielleicht irgendetwas, bei dem du die Zeit vergisst?",
sagte er:

„Das ist leicht: Beim Computerspielen, beim Basteln an meinem Sportrad, beim Bauen und Werkeln, und wenn ich mich über Motorräder unterhalte."

Die zweite Frage, die ich ihm stellte, war also der passende Schlüssel für ihn. Sie gab ihm eine erste Ahnung, in welche Richtung er gehen konnte, um berufliche Erfüllung zu finden.

Unser Schatz ist manchmal in Vergessenheit geraten – und der richtige Schlüssel erinnert uns an ihn.

Ich habe für dich und dieses Buch viele Monate hindurch nach geeigneten Schlüsseln gesucht, sie gesammelt und ans Ende dieses Kapitels gestellt. **Ob ein Schlüssel passt, merkst du mindestens an zwei Dingen: Erstens spürst du Freude oder eine Art von Erregung – du hast ziemlich klare Bilder im Kopf. Zweitens stellst du fest: Wenn der eine Schlüssel der richtige ist, passen auch noch ein paar andere Schlüssel ins Schloss.**

So war es auch bei meinem Bekannten. Nachdem nun der zweite Schlüssel passte, funktionierte danach auch der erste wieder. Auf die Frage:

„Was macht dir Freude?"

würde er mir nun ganz leicht antworten können:

„Computerspielen, Basteln an meinem Sportrad, Bauen und Werkeln, und wenn ich mich über Motorräder unterhalte."

Deine Schatzkarte

Bevor ich dich jedoch in die Welt der Schlüssel zu deinen Schätzen führe, möchte ich dir noch eine Schatzkarte an die Hand geben, die dir die Suche um vieles erleichtern kann. Sie beschreibt, wie dein Schatz aussieht. Erfüllt dein Schatz folgende vier Eigenschaften, weißt du genau, dass du ihn gefunden hast:

Dein Schatz ist eine Fähigkeit oder ein Wissen, das du besitzt.

Dein Schatz ist etwas, das dir sehr leicht fällt – so leicht, dass es nichts Besonderes mehr für dich ist, diese Fähigkeit oder dieses Wissen zu haben.

Mit deinem Schatz suchst du freiwillig nach neuen Herausforderungen – und nimmst sie gerne an.

**Dein Schatz liegt dort, wo du kreativ bist –
und da, wo du kreativ bist, wirst du ihn sicher finden.**

N

Dein Schatz ist eine Fähigkeit oder ein Wissen, das du besitzt

Wenn ich eine Arbeit liebe, was liebe ich dann eigentlich? **Die Werkzeuge, die Menschen, meine Umgebung? Ich bin zu der Erkenntnis gelangt, dass es immer unsere eigenen Fähigkeiten sind**, die wir lieben. Bei mir ist das zum Beispiel die Fähigkeit, gut zuzuhören und die richtigen Fragen zu stellen. Ich glaube, bei anderen Menschen ist es genauso: Jeder hat großartige Fähigkeiten, die er an sich selber liebt. **Unser Schatz besteht also immer aus gewissen Fähigkeiten, die wir besitzen**. Aus diesen Fähigkeiten werden dann Tätigkeiten und diese Tätigkeiten werden Berufe. Wenn mich zum Beispiel Innenarchitektur interessiert, mache ich diese Arbeiten gern, weil dahinter die Fähigkeit steckt, sehr rasch zu erfassen, wie die Einrichtungsgegenstände auf den Raum wirken. Oder wenn du zum Beispiel gerne reist, könnte sich ein großes Sprachtalent dahinter verbergen oder auch deine große Empfindsamkeit für die Unterschiedlichkeit fremder Kulturen.

Eine Fähigkeit lässt sich immer mit den Anfangsworten: „**Ich kann ...**" beschreiben.

Beispiele:

- ★ Ich kann so zuhören, dass sich die Menschen verstanden fühlen.
- ★ Ich kann sehr schnell erfassen, welche Blumen zusammenpassen.
- ★ Ich kann programmieren, weil ich so denke wie der PC.
- ★ Ich kann gut malen, weil ich mir vorher vorstellen kann, wie das Bild aussehen wird und weil meine Hand genau dieses Bild auch hervorzaubert.
- ★ Ich kann gut Finanzen planen, weil ich gut mit Zahlen umgehen kann.
- ★ Ich kann sehr gut Sport machen, weil ich meinen Körper präzise bewegen kann.

Meist zeigt sich dein großes Interesse an deinen Fähigkeiten auch darin, dass du dir auf so manchem Gebiet zusätzlich ein breites Wissen erarbeitet hast. Wenn du zum Beispiel andere gern dabei berätst, wie sie ein Aquarium aufbauen und dessen Funktion langfristig erhalten, damit die Fische gut leben und die Pflanzen gedeihen, dann liebst du vor allem eines: deine tiefen Einsichten in Aquarienwelten, Fische und Unterwasserpflanzen und alle Zusammenhänge in diesem Bereich.

Der Schatz, nach dem du suchst, ist also immer eine **Fähigkeit**, gepaart mit einem großen **Wissen**, das du durch viel **Erfahrung** gesammelt hast.

Dein Schatz ist etwas, das dir sehr leicht fällt – so leicht, dass es nichts Besonderes mehr für dich ist, diese Fähigkeit oder dieses Wissen zu haben

Lennardt konnte seinen Schatz trotz intensiver Suche nicht finden. Ich saß mit ihm zusammen und probierte alle Schlüssel aus, die ich bis dahin gefunden hatte - doch er entdeckte nichts, was er liebte, was ihm Freude machte oder wobei er die Zeit vergaß.

Als ich ihm vorschlug, er könne doch ohne weiteres anderen Männern das Flirten beibringen, weil er bei dem weiblichen Geschlecht immer so unglaublich erfolgreich war, schaute er mich völlig verständnislos an. **Nie wäre er von selbst auf diese Idee gekommen**: Für den geborenen Frauenheld war dies das Allernatürlichste der Welt, und er ging wie selbstverständlich davon aus, allen Männern müsse es genauso gehen wie ihm. Und dass ihm das Flirten Spaß machte, brauche ich hier wohl nicht zu erwähnen. Dass er hier tatsächlich „etwas Besonderes" konnte und ihm jemand für sein Wissen, seine Erfahrungen und seine Fähigkeiten auf diesem Gebiet auch noch Geld bezahlen würde, lag völlig außerhalb seiner Vorstellungskraft. **Für ihn war diese Fähigkeit nichts Besonderes, sondern etwas ganz Natürliches**.

Die Geschichte von Lennardt zeigt, dass wir unseren Schatz bei unserer Suche oft übersehen, gerade weil wir nach etwas Besonderem suchen. Aber: Was in den Augen anderer besonders ist, ist für dich gerade nicht besonders – sondern ganz natürlich.

Dazu kommt: Die meisten von uns haben gelernt, dass eine Sache nur etwas Besonderes ist, wenn wir uns dafür anstrengen müssen – vermutlich, weil wir besonders viel Lob erhalten haben, wenn wir uns angestrengt haben. Also werten wir damit automatisch alles, was uns leicht fällt, als „nichts Besonderes" ab. Und je leichter es uns fällt, desto weniger besonders ist es.

HINWEIS:
Weil es uns so leicht fällt, bemerken wir nicht, dass andere es nicht so gut können, wie wir selbst!

Merkst du, wie sehr wir es uns mit dieser Sichtweise selbst unmöglich machen, unseren Schatz zu erkennen? Wir sehen ihn manchmal täglich und erkennen ihn doch nicht als unseren Schatz. Wir denken ungefähr so:

„Das fällt mir so leicht, das kann nichts Besonderes sein. Sicher fällt das jedem leicht. Also kann es für andere nichts Besonderes sein. Also ist es WERTLOS."

„Was nicht anstrengend ist, bringt kein Geld", lautet unsere Devise.

Und umgekehrt schließen wir daraus, je anstrengender etwas ist, desto nützlicher und wertvoller ist es – und desto mehr Geld können wir dafür bekommen. Davon sind wir überzeugt.

Und weil wir nun einmal viel Geld verdienen wollen, stürzen wir uns im Leben auf das, was anstrengend ist. Darüber vergessen und vernachlässigen wir all das, was uns leicht fällt und Spaß macht, weil es, wie wir glauben, wertlos ist. Anders gesagt: **Wert hat nur, was anstrengt.**

Aber ist es nicht genau anders herum? Wenn du mein Heim renovierst, meine Steuererklärung machst, mich berätst oder trainierst, ist es dann nicht wertvoller für mich, wenn es dir leicht von der Hand geht und du Spaß bei der Sache hast? Denn es liegt doch auf der Hand: Je mehr Spaß du bei deiner Arbeit hast und je leichter sie dir fällt, desto besser wirst du die Aufgabe für mich erledigen.

Fazit: Dein Schatz fällt dir immer leicht. Er ist niemals „seelisch" anstrengend und er ist für dich meist überhaupt nichts Besonderes – im Gegenteil: Halte Ausschau nach der für dich „natürlichsten Sache der Welt"!

Ein gutes Beispiel dafür liefert mir Henrik, ein guter Freund, der als Projektmanager in einer Agentur angestellt ist. Er erzählte mir, während wir uns unterhielten, beiläufig, dass er über die Jahre hinweg nebenbei ein tolles Zeitmanagement-System für sich selbst entwickelt habe. Das Außergewöhnliche daran sei, dass er seine Zeit mit Hilfe von Mindmaps managen würde. Normalerweise verwendet man Mindmaps für andere Zwecke, etwa um Informationen besser zu strukturieren oder für die Steuerung von Projekten. Für persönliches Zeitmanagement werden sie bisher nicht eingesetzt. Als ich ihn darauf hinwies, dass er mit diesem System doch auch Geld verdienen könne, war er völlig überrascht. Er fragte: „Wie?"

Und ich sagte, er solle dies anderen beibringen - zum Beispiel in Kursen, Seminaren, Workshops. Oder er könne ein kleines Handbuch darüber schreiben und es verkaufen. Solltest du eine Fähigkeit an dir finden, die für dich nichts Besonderes ist, dann bist du möglicherweise deinem Schatz ganz nah.

TIPP:
Das, was du liebst, fällt dir leicht – und fällt dir meist deswegen bei deiner Suche nicht auf!

Mit deinem Schatz suchst du freiwillig nach neuen Herausforderungen – und nimmst sie gerne an

Wenn du einen Bereich in deinem Leben hast, der dich dazu herausfordert, dich mehr damit zu beschäftigen, darin immer besser zu werden und ständig Neues auszuprobieren, ist dein Schatz nicht mehr weit. Denke einmal darüber nach! Solltest du zum Beispiel gerne kochen, willst du immer feinere oder aufwändigere, noch schmackhaftere neue Mahlzeiten anrichten. Wenn du singst oder Musik machst, soll es immer schöner klingen. Wenn du tanzt, soll es sich immer angenehmer anfühlen und immer herrlicher aussehen. Du willst ständig neue Bewegungen ausprobieren, etwas Neues dabei erleben und ausdrücken. Im Sport ist es besonders deutlich: Du möchtest länger, besser und weiter vorankommen. Als Forscher liebst du das Rätsel: Je schwieriger, desto lieber.

Dein Schatz liegt dort, wo du kreativ bist – und da, wo du kreativ bist, wirst du ihn sicher finden

Wenn ich Menschen dabei beobachte, wie sie Dinge verrichten, Aufgaben lösen und Herausforderungen angehen, die sie lieben, bemerke ich immer wieder: Sie stellen sich äußerst kreativ dabei an. Umgekehrt ziehe ich den Schluss: **Wenn wir bei einer Sache kreativ sind, dann lieben wir sie.**

Nehmen wir meinen Finanzberater. Er ist sehr kreativ (obwohl du vielleicht beim Wort „Finanzberater" nicht gleich an Kreativität denkst). Er hat die Aufgabe, das Geld seiner Kunden sicher und gewinnbringend anzulegen. Die Herausforderung: Je gewinnbringender, desto höher das Risiko (also keine Sicherheit). Je sicherer, desto weniger Gewinn. Seine Kreativität besteht also darin, das Vermögen aufzusplitten und die Anlagen in einem guten Verhältnis zu mischen. Einen Teil legt er etwa in sicheren Immobilien an, einen anderen in spekulativen Aktien usw. Kurz: Er findet neue Wege, um sein Ziel zu erreichen, eine gute Kapitalanlage zu schaffen. Und, egal wie viele Wege er schon gefunden hat: Für jeden Kunden und jede Situation sucht er immer wieder neue Wege.

Oder der Steuerberater, der seinen Job liebt (auch hier denkst du vielleicht nicht gleich an Kreativität). Er steht bei jedem Mandanten vor einer neuen Herausforderung: Er ist nämlich dann am erfolgreichsten, wenn er für seinen Mandanten ein Maximum an Steuerersparnis erwirken kann. Also muss er jedes Mal neue, listige und trickreiche Wege finden und alle Register ziehen, um eine individuelle Lösung zu finden, die genau zu seinem Mandanten passt. Er freut sich über jeden Kniff, der ihm gelingt.

Darum könnte ich im Grunde einfach sagen: Suche nach der Kreativität in deinem Leben, und du wirst deinen Schatz sicher finden. Ich bin zwar überzeugt davon, dass dieser Satz wahr ist, doch leider ist es für viele nicht ganz so einfach, ihre Kreativität zu erkennen. Denn, wie sieht Kreativität eigentlich aus? Wie können wir sie erkennen, wenn wir auf der Suche nach ihr sind?

Ich will dir also konkrete Hinweise geben - denn Kreativität ist doch ein sehr wolkiges Wort, unter dem jeder etwas anderes verstehen kann.

TIPP:
Du erkennst also deinen Schatz daran, dass du dir dabei immer wieder selbst Aufgaben stellst und die Herausforderung dabei liebst. Das, was Andere Problem nennen, ist für dich purer Spaß.

Ich bin für dich eine Weile der Frage nachgegangen, was Kreativität genau ausmacht. Ich habe beobachtet:

1. **Kreativität schafft Neues**
2. **Kreativität sucht freiwillig Herausforderungen**
3. **Kreativität folgt Visionen**
4. **Kreativität stellt hohe Ansprüche**
5. **Kreativität startet viele Versuche**
6. **Kreativität korrigiert sich selbst**
7. **Kreativität macht dich verliebt (in DEIN Ergebnis)!**

Diese sieben Kriterien sind wie sieben Verbündete, die immer zusammen erscheinen. Das bedeutet: Wenn du eine dieser sieben Verbündeten triffst, sind die anderen nicht weit. Dann bist du auf einer ganz heißen Spur zu deiner Kreativität und deinem Schatz sehr nah. Schauen wir uns also die einzelnen Verbündeten näher an.

1. Kreativität schafft Neues

Das Schöpferische zeichnet sich dadurch aus, dass etwas entsteht, **was es bisher noch nicht gab**. Diese Neuheit kann ein noch wohlschmeckenderer Apfelkuchen sein, ein intelligenterer Spielzug in einem Computerspiel oder ein neuer Griff beim Massieren. Das Neue, das durch dich entsteht, besitzt immer einen ganz persönlichen Touch. Du gibst allem, was du mit Liebe tust, deine eigene Note und hinterlässt genau dort eine persönliche Handschrift. Also: Immer, wenn du bemerkst, dass durch dich etwas Neues entsteht, sei wachsam – denn jetzt ist das, was du liebst, nicht mehr weit.

Übrigens: Auch, wenn du schon lange nicht mehr kreativ warst: **Die Kreativität in dir versiegt niemals!** Sie kann im Alltag ein wenig in den Hintergrund geraten. Aber sobald Kreativität gefordert wird, ist sie sofort für dich verfügbar. Du wirst dann entdecken, dass du sie schon lange vermisst hast.

2. Kreativität sucht freiwillig Herausforderungen

Beispiele:

★ Wenn du ein Zauberkünstler bist, wirst du immer wieder neue und noch schwierigere Tricks lernen, um dich selbst herauszufordern und dein Publikum immer wieder zu verblüffen.

★ Als Barkeeper willst du in einer kürzeren Zeit mehr Cocktails mixen; du willst, dass jeder Handgriff sitzt und elegant aussieht – außerdem suchst du immer wieder nach neuen Cocktail-Kreationen.

★ Wenn du Yogalehrerin bist, forderst du dich immer wieder heraus, indem du deine Übungen perfektionierst und neue, noch kompliziertere Übungen einstudierst.

- ★ Als Tischler strebst du mit jedem neuen Möbelstück nach Meisterschaft – und egal, wie gut du auch sein magst: Du willst immer besser werden.

- ★ Machst du mit Liebe die Ablage im Büro, strebst du nach einem immer besseren Ordnungssystem. Du liebst auch hier die Herausforderung.

- ★ Wenn du etwas sammelst, möchtest du stets wieder neue Gegenstände in deine Sammlung aufnehmen. Du stellst dir die Herausforderung, eine möglichst vollständige Sammlung zu haben oder ganz besonders seltene Dinge zu besitzen und vorzeigen zu können.

- ★ Wenn du dich für ein Fachgebiet interessierst, willst du in immer tiefere und meist schwierigere Zusammenhänge eindringen und sie verstehen.

All dies sind selbstgestellte Herausforderungen! Selbstgestellte, freiwillige Herausforderungen empfinden wir niemals als ein Problem.

Beispiel: Du kochst gerne – und ein neues Gericht ist für dich eine willkommene Herausforderung. Jeder, der nicht gerne kocht, wird diese Herausforderung nicht freiwillig suchen, sondern eher vermeiden.

Wer zum Beispiel nicht, wie du, GERN Marathon läuft, wird das Ablaufen einer solch langen Strecke als ein riesiges Problem ansehen.

3. Kreativität folgt Visionen

Wenn du dich selbst freiwillig, aus reiner Freude, vor Herausforderungen stellst, wirst du eines bemerken: Es geht dir dabei immer um eine Vision, eine Idee, die du in deinem Inneren trägst und die dich antreibt. Du willst etwas ganz Bestimmtes erreichen. Du hast ein inneres Bild oder ein Bauchgefühl, das dir sagt, wie das Ergebnis deiner Handlung am Ende aussieht. Und du tust alles dafür, dieses Bild Wirklichkeit werden zu lassen. **Das ist wie ein Bauplan, den du in dir trägst und der dir zeigt, wie dein Ergebnis aussehen sollte.**

Dazu ein paar Beispiele:

★ Beim Kochen willst du, dass am Ende geschmacklich genau das herauskommt, was du dir vorgestellt hast. Du hattest den Geschmack schon vorher auf der Zunge!

★ Beim Klettern siehst du dich bereits einen höheren Berg erklimmen oder du fühlst schon im Vorfeld Stolz darüber, diese weitaus schwierigere Kletterroute bald geschafft zu haben!

★ Wenn du singst, willst du, dass die Melodie genauso aus deiner Kehle kommt, wie du sie innerlich hörst.

★ Wenn du tanzt, sollen sich deine Gefühle bei deinem Tanz absolut und für andere spürbar authentisch ausdrücken.

★ Bei der Nachbearbeitung eines digitalen Fotos weißt du schon vorher, wie das Foto am Ende aussehen soll.

Dort, wo du schon im Voraus ahnst, wie du dich fühlen wirst, wenn du es geschafft hast, die Herausforderung zu meistern, befindet sich dein Schatz.

Übung:
Bei diesen Dingen will ich ein konkretes Ergebnis erzielen, das ich schon vorher innerlich vor mir sehe:

____

____

____

____

____

4. Kreativität stellt hohe Ansprüche

Claudia malt Bilder. Sie ist erst dann wirklich zufrieden mit dem Ergebnis, wenn es ihren hohen Qualitätsanforderungen genügt. Oder mein Bekannter Frank, der Gitarrist und Songwriter ist: Er bastelt solange an einer Melodie, bis sie sich für ihn perfekt anhört. Dieses Gefühl erfüllt ihn und er weiß: **Das ist es!** Hat er es geschafft, kann ich in seinem Gesicht ablesen, wie sehr Frank das Gitarre spielen und die Musik liebt.

Findest du auch in deinem Leben etwas, wo du ganz von selbst hohe Ansprüche an dich und deine Ergebnisse hast? **Dort bist du erst dann zufrieden, wenn das Ergebnis sich mit deiner Vorstellung deckt** – und die Vision, die du in deinem Inneren getragen hast, Wirklichkeit geworden ist.

Diese hohen Ansprüche, die uns zu immer größeren Taten beflügeln, sind ein markantes Kriterium unserer Kreativität.

Noch ein Wort zu den hohen Ansprüchen:

Dort, wo du kreativ bist, entdeckst du, dass du es selbst bist, der ein gutes Ergebnis erreichen will – nicht dein Chef, nicht dein Partner oder irgendjemand oder die Gesellschaft.

Dort, wo du kreativ bist, weißt nur DU ganz allein, wie dein Apfelkuchen am Ende schmecken, dein Lied klingen, dein Computerprogramm funktionieren oder deine Miniatur-Eisenbahn-Landschaft aussehen soll.

Übung:
Bei diesen Dingen fordere ich von mir selbst ein besonders gutes Ergebnis:

Übung:
Dabei weiß nur ich allein, wie das Ergebnis aussehen soll und wann ich mit mir zufrieden bin:

5. Kreativität startet viele Versuche

Wenn du kreativ bist, erlebst du an dir, dass du viel ausprobierst, vieles austestest, immer wieder neu ansetzt und tausend neue Anläufe machst.

Dies äußert sich zum Beispiel so:

★ Du kaufst dir eine bessere Ausrüstung, besseres Werkzeug, um ein besseres Ergebnis zu erzielen.

★ Wenn dir dein Apfelkuchen zu trocken ist, änderst du nächstes Mal dein Rezept.

★ Du formulierst den Text immer wieder neu, wirfst Worte und ganze Sätze um.

★ Du veränderst so lange das Konzept, suchst einen anderen Weg, bis du dein Ziel erreichst.

Übung:
Bei diesen Dingen experimentiere ich sehr gern, um neue Wege zu finden und besser und/oder schneller zu werden:

6. Kreativität korrigiert sich selbst

Du weißt, dass du gerade kreativ bist, wenn du dich bei einer Sache immer wieder selbst berichtigst. Interessanterweise korrigieren wir uns fast nur in Bereichen, in denen wir kreativ sind. Denn um uns selbst korrigieren zu können, benötigen wir die anderen Komponenten der Kreativität: Wir brauchen eine Vision gepaart mit unseren hohen Ansprüchen – dann entwickeln wir automatisch ein Gespür dafür, das uns sagt, ob die Ergebnisse uns selbst genügen oder nicht.

Wenn nicht ich die Vision habe, sondern mein Chef oder jemand anderes, dann kann auch nur er mich korrigieren und mein Ergebnis beurteilen. Er ist dann auch derjenige, der „Ahnung" von der Sache hat. Dort, wo ich mich selbst korrigieren kann, habe ich selbst „Ahnung" von der Sache und bin an dieser Stelle meist kreativ.

Achte also auf Folgendes: Wenn du dir ein Ergebnis von dir anschaust, damit noch nicht zufrieden bist und immer wieder einen neuen Versuch startest, um ein besseres zu erzielen – dann kannst du darauf wetten, dass dich gerade deine Kreativität gepackt hat.

7. Kreativität macht dich verliebt (in DEIN Ergebnis)!

Geschafft! Du schaust dir an, was du entwickelt, gebaut, geschaffen oder erreicht hast und bekommst feuchte Augen vor Freude. Du bist verliebt in dein Ergebnis.

Du hörst dich zum Beispiel sagen:

„Genau so soll die Suppe schmecken!“

„Genau so soll mein Lied klingen!“

„Genau diese Bierflasche aus Jamaika fehlt mir noch in der Sammlung!“

„Genau so soll mein Zimmer aussehen!“

„Genau so soll mein Computerprogramm funktionieren!“

Wenn du dein Ergebnis siehst und verliebt darin bist: Halte einen Moment inne und werde dir bewusst, dass du nun vermutlich etwas ganz Neues in die Welt gesetzt hast!

Du hast gerade deinen Schatz gefunden. Denn nur, wenn wir unseren Schatz einsetzen, sind wir verliebt in unser Ergebnis. Gratuliere!

Die Schlüssel zu dem, was du liebst

Die Schlüssel sind das kostbarste, was ich dir in diesem Buch zu geben habe. Sie sind Halbsätze oder besser Satzanfänge, die zu vervollständigen sind. Da dein Schatz im Unbewussten verborgen ist, öffnen diese Schlüssel sanft die Tore zum Unbewussten. Sie helfen dir, den Schatz aus dem Unbewussten zu bergen. Dieses Bergen fühlt sich wie ein ganz gewöhnliches Erinnern an das an, was du zum Beispiel letztes Jahr zum Geburtstag gemacht hast. **Wie gesagt: Es ist ganz gewöhnlich**. Vor allem wird dein Schatz nicht etwas Neues sein, sondern etwas dir Wohlvertrautes. **Erwarte also kein Feuerwerk der Gefühle**, obwohl du bei deiner Suche mit Sicherheit deiner Freude begegnen wirst!

Jeder von diesen Sätzen hat die Macht, dich auf direktem Wege zu deinem Schatz zu bringen, indem du dich ganz plötzlich an ihn erinnerst. Oder sie führen dich auf eine heiße Spur – und du beginnst verschwommen, die Existenz und Beschaffenheit deines Schatzes zu erahnen.

Geheimtipp:
Am einfachsten gelingt die Schatzsuche zusammen mit einem Freund oder auch einem neuen Bekannten, der dich noch nicht gut kennt, aber mit dem dich ein gegenseitiges Interesse verbindet. Er liest dir diese Fragen laut vor und schreibt für dich alles auf, was du aufzählst. Und du entspannst dich bei einer Tasse Tee.

Welcher Schlüssel passt?

Probiere einen Schlüssel an dir aus, indem du alles aufschreibst, was dir einfällt, um den Satzanfang zu vervollständigen. Wenn du mit dem Schlüssel nichts anfangen kannst, lies dir die Beispiele durch und schau, ob sie dich inspirieren. Falls dir gar nichts einfällt, gehe zum nächsten Schlüssel und probiere diesen aus.

Nimm dir Zeit!

Es wäre paradiesisch, wenn ich in meinem Beruf ausschließlich folgendes machen dürfte:

Am liebsten würde ich den ganzen Tag...

* ★ *Kundenkontakt hätte*
* ★ *Grafikarbeiten selbst erstellen würde*
* ★ *frei entscheiden könnte in Bezug auf...*
* ★ *mir selbst ausdenken dürfte..*

Ich vergesse die Zeit, wenn ich:

- ★ auf der Bühne stehe
- ★ lese
- ★ Sport mache
- ★ male
- ★ koche

Am liebsten würde ich jeden Tag in meinem Leben folgende Fähigkeiten einsetzen bzw. Aufgaben lösen:

Menschen geben mir häufig positives Feedback für:

★ meine Fähigkeit, gut zuzuhören
★ meine lustigen Einfälle
★ meine schöne Stimme
★ meine Geschicklichkeit beim Basteln

Andere sagen zu mir: Es ist schön, dir zuzugucken ...

★ beim Zeichnen
★ beim Kochen
★ beim Tanzen
★ beim Gärtnern

Wenn ich folgenden Tätigkeiten nachgehe, dann habe ich hinterher mehr Energie als vorher:

★ in Kontakt mit Menschen sein
★ im Garten arbeiten
★ mir Geschichten ausdenken
★ rechnen und sortieren

Hierbei achte ich besonders auf die Details und habe einen hohen Anspruch:

- wenn ich die Wohnung dekoriere
- wenn ich anderen Menschen Make-up auftrage
- wenn ich fotografiere
- wenn ich Texte schreibe

Das mochte ich schon

als Kind gern:

★ Schlittschuh laufen
★ Schiffsmodelle bauen
★ Comics ausdenken und zeichnen
★ Rechnen

Ich habe Sehnsucht danach, Folgendes zu tun:

* Kinder zum Lachen bringen
* Mit Keramik zu arbeiten

Das würde ich auch tun, ohne etwas dafür zu bekommen:

* Menschen beraten
* tanzen
* Schmetterlinge sammeln
* massieren

Ich würde sogar dafür bezahlen,

wenn ich täglich Folgendes tun dürfte:

- ★ Regie führen bei einem Film
- ★ bei einem Polizeieinsatz mitmachen
- ★ eine Reportage schreiben
- ★ eine politische Rede im Abgeordnetenhaus halten

Mir würde niemand Geld geben dafür, dass ich

★ Computer spiele
★ Witze erzähle
★ Fragen stelle
★ Einrad fahren

Diese Tätigkeiten bereiten mir Spaß und machen mir Freude:

★ Schwimmen
★ Flirten
★ Backen
★ Musik hören

Diese Tätigkeiten bringen mir Erfüllung oder ein Gefühl der *Zufriedenheit*

* Gedichte schreiben
* Unterrichten
* Forschen
* Lange Strecken laufen

Andere beneiden mich manchmal **um folgende Fähigkeit(en):**

★ *meine Körperbeherrschung*
★ *mein Ausdrucksvermögen*
★ *mein absolutes Gehör*
★ *meine Beobachtungsgabe*

Probleme, die ich gerne und leicht lösen kann, sind oder haben zu tun mit:

- Beziehungsprobleme bei anderen lösen
- Viele Menschen für eine Sache gewinnen
- Computerprobleme lösen
- Motorräder reparieren

Ich helfe anderen Menschen gern dabei …

- ★ Briefe zu schreiben
- ★ Wohnungen auszustatten
- ★ Kleidung auszusuchen
- ★ Entscheidungen zu treffen

… und ich kann das auch, weil ich

★ ein gutes Sprachgefühl habe
★ ein Gespür für Design und die Wirkung von Räumen habe
★ ein ausgeprägtes Stilempfinden habe
★ einen starken analytischen Verstand habe

Andere beneiden mich manchmal um meine Erfahrungen und mein Wissen bezüglich

★ *Musikinstrumente*
★ *Politik*
★ *Computer*
★ *Literatur*

Das kann ich praktisch im Schlaf:

★ Treffende Fragen stellen
★ Pressemitteilungen schreiben
★ Steuergesetze zitieren
★ fünf Sprachen sprechen

Es fällt mir *superleicht,*

* Sprachen zu lernen
* Börsenkurse zu berechnen
* zwischen Menschen zu vermitteln
* Rollen zu spielen

Bei Folgendem will ich immer **besser** werden:

★ Gitarre spielen

★ Jonglieren

★ Immobilien finanzierungen berechnen

★ Horoskope interpretieren

Meine Augen **leuchten**, wenn ich darüber spreche:

★ Metallverarbeitung
★ Exklusive Mode
★ Teures Fahrradzubehör
★ Französische Filme

Diese Aufgaben
würde ich **vermissen**,
wenn ich
meine jetzige **berufliche**
Tätigkeit aufgeben müsste:

____

____

____

____

____

- ★ *Zahlen auswerten*
- ★ *Menschen überzeugen*
- ★ *Komplizierte Dinge einfach erklären*
- ★ *Plädoyers schreiben*

Was hast du gefunden?

Du hast jetzt die Übungen vollendet und deine Sätze niedergeschrieben. Dabei sind dir wieder einige Dinge eingefallen, die du schon lange nicht mehr gemacht hast. Vielleicht sind alte Träume und Wünsche an die Oberfläche gekommen. Sammle jetzt die Schätze ein, die du gefunden hast. Nimm die für dich wichtigsten Schätze und denke darüber nach, ob du hinter ihnen einige deiner Fähigkeiten entdeckst. Gab es bei den Übungen etwas, was dich besonders berührt hat? Bei dessen Anblick dein Herz höher geschlagen hat, wenn auch nur für einen kleinen Moment?

Schreib hier noch einmal die drei bis fünf Dinge auf, die für dich am intensivsten waren, als du sie innerlich gesehen hast. Denke darüber nach, was du daran so liebst. Suche immer die Fähigkeit, die dahinter steckt.

Ist es auch ein echter Schatz?

Du hast nun einige Dinge gefunden, die so aussehen, als könnten sie dein Schatz sein. Vielleicht bist du unsicher. Es gibt Millionen Gründe, sich dabei unsicher zu sein. Ich habe dafür viel Verständnis. Ich möchte dir gern zeigen, wie du herausfinden kannst, ob das Gold, das du gesiebt hast, auch wirklich echt ist.

Nimm dir für den Echtheitstest also einen Schatz vor, auf den du beim Anwenden eines Schlüssel gestoßen bist (zum Beispiel: „Sport macht mir Freude" oder

„Kochen macht mir Spaß"). Nun wende der Reihe nach die anderen Schlüssel auf ihn an. Dies tust du, indem du die rechte Spalte der Tabelle immer wieder mit dem gleichen Schatz ausfüllst, den du auf Echtheit überprüfen willst, so dass die ganzen Sätze einen Sinn ergeben.

TIPP:
Ein Schatz ist echt, wenn die meisten Schlüssel dazu passen!

Mach den „Tu-was-du-liebst"-Echtheitstest

Dein Schatz heißt zum Beispiel „Sport macht mir Spaß".
So könnte dann deine Tabelle aussehen:

Hier schreibst du immer deiner Schatz rein, so dass er den linken Satz beendet

Schlüssel	*Schatz (Sport)*
Andere beneiden mich manchmal um	*meine Erfahrungen im Sport meine Gelenkigkeit, meine Fitness*
Ich würde bezahlen, um täglich	*Sport machen zu dürfen*
Meine Augen glänzen, wenn ich darüber rede:	*Sport*
Dabei will ich immer besser werden:	*Sport*
Ich glaube, dass mir niemand Geld geben würde, dafür dass ich	*Sport mache*
Ich fühle mich erfüllt und zufrieden, wenn ich	*Sport mache*
Ich stelle mir selbst immer neue Aufgaben und Herausforderungen	*beim Sport*

Dein Echtheitstest:

JETZT DU

Schlüssel	Schatz
Es wäre paradiesisch, wenn ich in meinen Beruf ausschliesslich Folgendes machen dürfte:	
Ich vergesse die Zeit, wenn ich:	
Am liebsten würde ich jeden Tag in meinem Leben folgende Fähigkeiten einsetzen bzw. Aufgaben lösen:	
Menschen geben mir häufig positives Feedback für:	
Andere sagen zu mir: Es ist schön, dir zuzugucken	
Wenn ich folgenden Tätigkeiten nachgehe, dann habe ich hinterher mehr Energie als vorher:	
Ich stelle mir selbst immer neue Aufgaben und Herausforderungen	
Hierbei achte ich besonders auf die Details und habe einen hohen Anspruch:	
Das mochte ich schon als Kind gern	
Ich habe Sehnsucht danach, Folgendes zu tun:	
Das würde ich auch tun, ohne etwas dafür zu bekommen:	
Ich würde sogar dafür bezahlen, wenn ich täglich Folgendes tun dürfte:	

Schlüssel	Schatz
Mir würde niemand Geld geben dafür, dass ich	
Diese Tätigkeiten bereiten mir Spass und machen mir Freude:	
Diese Tätigkeiten bringen mir Erfüllung oder ein Gefühl der Zufriedenheit:	
Andere beneiden mich manchmal um folgende Fähigkeit(en):	
Probleme, die ich gerne und leicht lösen kann, sind / haben zu tun mit:	
Und ich kann das auch, weil ich	
Andere beneiden mich manchmal um meine Erfahrungen und mein Wissen bezüglich	
Das kann ich praktisch im Schlaf:	
Es fällt mir superleicht,	
Bei Folgendem will ich immer besser werden:	
Meine Augen leuchten, wenn ich darüber spreche:	
Diese Aufgaben würde ich vermissen, wenn ich meine jetzige berufliche Tätigkeit aufgeben müsste:	

Wenn du jetzt diese Tabelle liest und feststellst, dass jede Zeile sich wahr anfühlt, dann hast du einen echten Schatz geborgen. Gratuliere!

Kapitel II

Sag laut: Ich kann das!

„Ob du sagst, ich kann das
oder ich kann das nicht:
In beiden Fällen
behältst du recht!“

- Henry Ford

Der erste Schritt zum beruflichen Glück war herauszufinden, was du liebst. Wenn du bei diesem Kapitel angelangt bist, dann kennst du jetzt mindestens einen deiner Schätze. Und damit beginnt ein Lernprozess, bei dem du dir in den kommenden Wochen und Monaten immer besser vorstellen kannst, wie du das, was du liebst, mehr in dein Leben integrieren kannst. Ist es nicht das Natürlichste von der Welt, jeden Tag, den ganzen Tag lang, das tun zu wollen, was du liebst?

Jetzt geht es allmählich darum, dass wir uns der Frage widmen, wie du damit Geld verdienen kannst. Doch, bevor du damit Geld verdienen kannst, müssen andere Menschen davon erfahren. Und damit andere erfahren, was du zu geben hast, musst du es ihnen zeigen. Sobald du also weißt, was du liebst, wäre der nächste logische Schritt, dich vor anderen damit zu zeigen – es gewissermaßen in die Welt hinauszuschreien, damit jeder hört, was du anzubieten hast.

Jetzt kann es sein, dass du damit überhaupt kein Problem hast. Es kann sein, dass du sicher weißt, dass du das, was du liebst, auch ausreichend gut kannst, um anderen Menschen damit zu nützen.

Probiere deinen Schatz mal aus

Wenn es so ist, dann teste es einmal: Gehe zu einigen Menschen hin oder schreibe ihnen und mache ihnen das Angebot, genau in dem Bereich, den du liebst, kostenlos etwas für sie zu tun. Falls du zu den Menschen gehörst, die dazu bereits genug Selbstsicherheit besitzen, kannst du jetzt direkt zum nächsten Kapitel springen. Dort findest du einige gute Tipps, die dir dabei helfen können, aus dem, was du liebst, eine Tätigkeit zu machen, die dir Geld einbringt. Wenn du dich noch sehr unsicher fühlst und glaubst, nicht gut genug zu sein in dem, was du liebst, wird dir dieses Kapitel helfen. Denn das Ziel dieses Kapitels ist es, dass du am Ende laut aussprechen kannst:

„**Diese Fähigkeit beherrsche ich sehr gut, ich kann anderen Menschen damit nützlich sein**“,

ohne dass du auch nur den leisesten Zweifel im Bauch verspürst.

Was ist daran so wichtig, etwas laut auszusprechen? Im Laut-Aussprechen liegt eine besondere Magie. Du kannst es gleich ausprobieren. Sag laut:

„Ich kann die Relativitätstheorie genau erklären!"

oder gehe zu jemanden hin und sprich laut eine Lüge aus, die mit

„Ich kann ..." beginnt.

Du wirst sogleich feststellen, dass sich in deinem Bauch unweigerlich etwas zusammenzieht. Sagst du aber, dass du etwas kannst und du stehst dahinter und glaubst wirklich daran, wirst du auch das sofort spüren: Du fühlst dich sicher, stark, mutig, klar. Das Laut-Aussprechen zeigt dir also, wo du mit deiner Selbstsicherheit stehst. Es ist nämlich einfach, leise vor dich hinzumurmeln:

„Hm, das könnte ich."

Es ist aber etwas ganz anderes, es jemandem laut und deutlich zu sagen. Wir werden also so lange an deiner Selbstsicherheit arbeiten, bis du aufstehst und laut und voller Überzeugung verkündest:

„Ja, das kann ich!"

Deswegen ist gerade das laute Aussprechen voller Überzeugungskraft ein äußerst notwendiger Schritt zu deinem Erfolg.

Als ich zum Beispiel einmal einen Taxifahrer, der leidenschaftlich gern fotografierte, aber niemandem seine Fotos zeigte, aufforderte, laut vor mir auszusprechen:

„Ich mache gute Fotos, ich kann das!",

fiel ihm dies unsäglich schwer. Das laute Aussprechen machte ihm bewusst, dass er nicht wirklich daran glaubte.

Du kannst dir sicher vorstellen: **Solange du nicht davon überzeugt bist, dass du die Fähigkeit dazu besitzt, wird es dir sehr schwer fallen, den nächsten Schritt zu gehen**. Du wirst es vermutlich nicht wagen, an jemanden heranzutreten, um ihm deine unglaublichen Dienste anzubieten.

Was dich hindert

Zunächst ist es erst einmal sehr wichtig herauszufinden, was dich eigentlich davon abhält, dich mit der Fähigkeit, die du liebst, zu zeigen und so anderen Menschen Nutzen zu bringen. Was hindert dich daran, einen Flyer zu verteilen, auf dem steht, was du für andere tun kannst? Was hindert dich daran, dich auf eine für dich ideale Stelle zu bewerben, weil dort genau deine Fähigkeiten gebraucht werden? Was hindert dich daran, einen Kurs anzubieten, einfach mit dem, was du gut kannst?

Warum du dich unsicher fühlst

Ich selbst habe an dieser Stelle gleich die erste große Hürde überwinden müssen: meine eigene Unsicherheit. Ich fühlte mich in Bezug auf meine gerade neu erkannte, von mir geliebte Fähigkeit noch sehr verletzlich. Dieses Gefühl stellt sich erfahrungsgemäß bei mir immer dann ein, wenn ich etwas anbieten will, was ich wirklich gern mache. Doch inzwischen weiß ich: Gerade diese Unsicherheit kann ich auch als Hinweis betrachten. Denn im Umkehrschluss gilt: **Genau in den Dingen, mit denen ich am wenigsten vor andere zu treten wage, stecken die Fähigkeiten, die ich besonders an mir mag und in Wirklichkeit sehr gut kann**. Da in der Fähigkeit, die ich an mir liebe, mein ganzes Herz steckt, bin ich an dieser Stelle eben auch äußerst empfindlich und verletzlich.

Wer möchte schon gerade mit dem, was er liebt, erschüttert und in Frage gestellt werden? Genau aus diesem Grund fühlt man sich hier ganz besonders unsicher. Und so war ich natürlich äußerst nervös, als ich damals meine erste Bewerbung als Präsentationskonzepter schrieb und abschickte.

Die Frage: Bin ich gut genug?

Diese Unsicherheit äußert sich bei mir darin, dass ich glaube, „nicht gut genug" zu sein. Dahinter steckt die Vermutung: Gut genug wäre ich nur, wenn ich nicht abgelehnt würde. Und vor Ablehnung habe ich die größte Angst. Daher ist diese Unsicherheit auch die erste große Hürde auf dem Weg zum Erfolg. Denn wenn ich meine Angst nicht überwinde, werde ich meine Fähigkeiten nicht in mein Leben holen und nie erfahren, ob ich darin gut genug bin! Ich werde nie wissen, ob andere mein Angebot annehmen, gern nutzen und sogar dafür zahlen möchten. **Wir dürfen uns von unserer Unsicherheit also nicht aufhalten lassen**.

Es ist absolut wichtig, sich sehr bewusst darüber zu werden, dass man anderen Menschen mit seiner Fähigkeit nutzen kann. Denn du kannst erst zum nächsten Schritt übergehen, wenn du in dir diese Sicherheit gefunden hast. Sie zu finden, ist ein ganz entscheidender Schritt. Nicht ohne Grund heißt dieses Kapitel: Sag laut: Ich kann das! Ich habe es - wie oben beschrieben - ja selbst so erlebt. Und auch bei anderen funktioniert diese Sag-es-laut-Technik immer wieder wunderbar.

Ein Beispiel: Während eines Seminars saß ich einmal mit einem SAP-Programmierer zusammen am Mittagstisch. Mir war gerade der Titel „Tu was du liebst, und du musst nie wieder arbeiten" für mein Buch eingefallen, und wir gerieten darüber in ein angeregtes Gespräch. Schon bald fing er an, mir von seinen kleinen Helferprogrammen, mit denen er dem Computer-Anwender das Leben erleichterte, vorzuschwärmen. Er machte dies aber nur so nebenbei für sich selbst, ohne damit Geld zu verdienen. Ich bemerkte sofort seine Unsicherheit. Er glaubte, dass das, was er anzubieten hätte, nicht viel wert sei. Aber als ich ihn fragte, ob er da nicht vielleicht eine ganz besondere Fähigkeit besäße, nickte er gerührt. Ich bat ihn, noch am Tisch sitzend, sich dieses Können einmal ganz bewusst zu machen und laut auszusprechen:

„Ja, ich kann das!".

Er schaute um sich. Es entstand eine vielsagende Stille. Ich bemerkte, wie er selbst in sich hinein hörte und sich fragte:

„Kann ich das wirklich?"

Er wiederholte den Satz und sagte mit fester Stimme:

„Ja, ich kann das!"

Seine Augen leuchteten. Dann trat ein glückliches Lächeln in sein Gesicht. Jetzt fühlte er sich gut genug.

Tipp:
Solange ich glaube, dass meine Fähigkeiten nicht gut genug sind, werde ich sie auch nicht ausleben. Und solange ich meine Fähigkeiten nicht auslebe, werde ich auch kein Geld damit verdienen!

Wenn du über die Tätigkeit sprichst, die du dir erträumst, und dabei ein Leuchten in deine Augen tritt, ist dies ein sicheres Zeichen nicht nur dafür, dass du diese Tätigkeit liebst, sondern auch dafür, dass du gut genug bist.

Der zentrale Punkt bei diesem Bewusstwerdungsprozess ist, vor dem Laut-Aussprechen kurz innezuhalten. Es ist sehr hilfreich, erst einmal für einen kurzen Moment innerlich zu schauen: Ist die Aussage

„Ich kann das!"

für mich wahr? Wer diese Frage mit „Ja" beantworten kann, wird, während er seine Wahrheit ausspricht, ein Gefühl von großer Stimmigkeit in sich spüren. Dieses Gefühl sagt ihm, dass er diese Fähigkeit schon lange besitzt und voll auf sie vertrauen kann. Das macht mutig und stärkt das Selbstbewusstsein. Ist diese Hürde erst einmal genommen und du schaffst es, laut auszusprechen:

„Ja, ich kann das!",

noch dazu mit einem stimmigen Bauchgefühl, dann wirst auch du losrennen und einfach nicht mehr aufzuhalten sein – genau wie der SAP-Programmierer. Von nun an konnte er mit großer Selbstgewissheit zu seinen Kunden sagen:

„Ich kann für Sie ein kleines Programm schreiben, dass Ihnen bei ihrer Problemstellung hilft."

Andernfalls wirst du beim lauten Aussprechen der Worte „Ich kann das!"

ein Bauchgefühl haben, dass dir signalisiert:

„Gerade hast du aber arg gelogen."

TIPP:
Gehe zurück zu Kapitel I und schaue dir an, welche Fähigkeiten du an dir entdeckt hast. Unter den Dingen, die du gerne tust, vor allem unter denen, bei denen das Gefühl von Freude am stärksten ist, wirst du auf jeden Fall eine Sache finden, mit der du jemandem nützlich sein kannst.

Wisse: Du hast etwas zu geben!

Wenn dich das Gefühl „nicht gut genug zu sein" daran hindert, dein Leben positiv zu verändern, dann überlege dir, wem auf dieser Welt du mit deiner speziellen Fähigkeit nützlich sein kannst. Es gibt immer eine Menge Menschen, die genau diese Fähigkeit brauchen, die du hast. **Das ist ein Gesetz! Und es ist logisch: Denn, es gibt immer jemanden, der nicht gerne tut, was du liebst**. Wenn du zum Beispiel gerne Texte schreibst, suche jemanden, der es nicht mag, schreiben zu müssen. Ihm hast du viel zu geben. Und zwar unabhängig davon, wie gut du es kannst. Selbst dann, wenn du der Schlechteste bist von denen, die das Schreiben lieben, bist du immer noch um vieles besser, als alle, die es nicht lieben.

Sammle gute Erfahrungen

Am Anfang wirst du wahrscheinlich unsicher sein. Das ist ganz natürlich. Auch ich war zu Beginn unsicher, ob ich mit dem, was ich liebe, auch gut genug bin, um damit Geld zu verdienen. Mir persönlich hat es damals sehr geholfen, **einfach so zu tun**, als ob ich es könnte. Zu meiner Studienzeit fragte zum Beispiel einmal einer meiner Professoren im Informatikseminar, ob nicht einer von uns Studenten für seinen Bekannten eine Webseite bauen könnte.

Ich habe mich einfach gemeldet und den Auftrag auch bekommen, obwohl ich es bis dahin noch nie gemacht hatte. Ein anderes Mal kam nach dem Studium ein Freund auf mich zu und bat mich, einen Flyer für ihn zu entwickeln. Auch das hatte ich noch nie gemacht. Ich hatte viel Spaß und verdiente sogar ein paar Euros. So merkte ich: Hey, ich habe Fähigkeiten, die anderen Menschen nützen. Diese ersten positiven Erfahrungen waren sehr wichtig für mich. Durch sie fand ich den Mut, mich immer weiter voran zu wagen.

Es ist kontraproduktiv, wenn man in seinen Zweifeln verharrt. Ich kenne einen ausgebildeten Kameramann, der sehr gern und sehr gut fotografiert. Er ist arbeitslos und hat wegen seines Alters jeden Mut verloren. Als ich ihm zeigte, wie man im Internet mit Fotografien Geld verdienen kann – man muss dafür nur seine Fotos in Bilderdatenbanken stellen – fand er, dass er nicht gut genug sei. Ich bin überzeugt: Sobald er nur drei Fotos hochladen und sich vielleicht eins davon wiederholt verkaufen würde – er wäre sehr glücklich über das erste Geld auf seinem Konto! Ich gehe sogar noch einen Schritt weiter: Würde er auch nur einen einzigen Euro mit einem seiner Fotos verdienen, so würde ihm schlagartig klar werden:

„Meine Fotos sind Geld wert. Wie kann ich noch mehr mit ihnen verdienen? Was muss ich dafür tun?"

– eine ganz andere Herangehensweise kommt plötzlich zum Vorschein. Sie hat nichts mehr zu tun mit der Einstellung:

„Dafür wird doch eh niemand bezahlen", „Das klappt doch alles eh nicht."

„Der Zweifel ist ein billiges, aber wirksames Gift."

> **Geheimtipp:**
> **Alles, was du gern tust, kannst du immer besser als jemand, der dasselbe nicht gern tut!**

Der magische erste Euro

Vielleicht hast du als Kind die Geschichten von Donald und Dagobert Duck gelesen. Dagobert hat nicht nur extrem viel Geld. Er hütet auch einen Schatz: Den ersten Taler, den er verdient hat. Dieser Taler besitzt Magie. Darum will die Hexe Gundel Gaukeley ihn stehlen.

Genau so ist es mit deinem Schatz. Wenn du entdeckt hast, was du liebst, überschreitest du eine magische Schwelle in dem Moment, in dem du deinen ersten Euro damit verdienst. Denn dann wird dir klar:

„Es ist möglich! Ich kann damit tatsächlich Geld verdienen". Diese positive Erfahrung ist der erste Grundstein – auf ihm baust du dein ganzes Tu-was-du-liebst-und-du-musst-nie-wieder-arbeiten-Gebäude auf.

„Der Anfang ist die Hälfte des Ganzen."

- Aristoteles

Klar ist: Was du gerne tust, kannst du auch sehr gut. Wenn du selbst noch nicht ausreichend daran glaubst, dann spring einfach ins kalte Wasser und mach die Erfahrung, dass du gut bist! Es gibt im Übrigen sowieso keinen objektiven Maßstab dafür, wann man etwas kann und wann nicht. Wer misst denn eigentlich, wie gut du bist? Wer hat es bisher gemessen? Wer hat dir gesagt, dass du nicht gut darin bist?

Gibt es da tatsächlich jemanden, der dir gesagt hat:

„Deine Fotos sind nicht gut! Deine Massagen sind schlecht! Deine Bilder sehen nicht gut aus! Dein zubereitetes Essen schmeckt nicht! So wie du Gitarre spielst, das braucht doch kein Mensch!"?

Meiner Erfahrung nach ist es meist so, dass wir uns nur einbilden, dass wir nicht gut genug sind. Ich glaube nicht daran, dass du das, was du liebst, schlechter machst als jemand, der mit der gleichen Sache keine Erfahrungen gemacht und dazu kein Talent hat.

Im Prinzip genügt es zu erkennen, dass man dann etwas kann, wenn man selbst der Meinung ist, dass man es kann – und nicht, wenn andere dies meinen. Wenn jemand glaubt, singen zu können, es aber nicht kann, er jedoch weiterhin daran festhält, wird er auch jemanden finden, der seinen Gesang gut findet. Ein anderes Beispiel: Neulich habe ich eine sehr schlecht gemachte Website gesehen. Wie ich weiß, hat der Entwickler aber viel Geld dafür bekommen, also gut daran verdient.

Wie kann es sein, dass jemand, der etwas wirklich nicht gut kann, dennoch Aufträge dafür kriegt und davon leben kann? Es ist ganz einfach: Wenn die Schrittabfolge stimmt. Dieser Entwickler liebt es eben, Websites zu entwickeln. Er ist zwar noch nicht sehr gut darin, glaubt aber, dass er es kann. Also erzählt er jedem, dass er dies sehr gut kann, und er bekommt Aufträge. Es werden einige Menschen darunter sein, die mit dem, was er liefert, voll und ganz zufrieden sind. So wird dieser Mann von dem leben können, was ihm Freude macht.

Finde einen Kollegen

Eine ganz wichtige Hilfe für dich auf deinem Weg kann das Gespräch mit einem Kollegen sein. Und ich nenne ihn bewusst „einen Kollegen". Denn ihr seid Kollegen, weil er den Beruf hat, den du dir erträumst. Indem du ihn als Kollegen siehst, kommst du ihm schon ein Stück näher.

Suche dir also jemanden, der mit der Tätigkeit Geld verdient, die du liebst. Wenn du zum Beispiel darüber nachdenkst, Fotografie zu deinem Beruf zu machen, suche einen Fotografen. Rede mit ihm. Frage ihn, wie er dazu gekommen ist. Das wird dir Mut machen. Zum einen wird der Funke der Leidenschaft auf dich überspringen. Zum anderen wird die Möglichkeit greifbar, mit dem, was du liebst, tatsächlich Geld zu verdienen.

Ich fasse noch mal zusammen:

Wenn du unsicher bist, ob du gut genug bist, dann

- ★ Sammle bewusst eine gute Erfahrung.
- ★ Versuche mindestens einen Euro mit deinem Schatz zu verdienen (falls du nicht schon damit Geld verdienst)
- ★ Werde dir klar darüber, dass du besser bist als jemand, der in derselben Sache bislang keinerlei Erfahrungen gemacht hat und diese nicht einmal mag.
- ★ Registriere, welchen Nutzen du anderen mit deiner Arbeit bringst.
- ★ Hole dir positives Feedback aus deinem Freundes- und Bekanntenkreis – oder noch besser: hole dir Feedback von Dritten. Sie stehen dir nicht so nah. Sie sind neutraler. Darum ist ihre Rückmeldung für dich wertvoller.
- ★ Rede mit Menschen, die dieselbe Fähigkeit bereits zum Beruf gemacht haben.

Wenn du dich immer noch unsicher fühlst, kenne ich eine sichere Methode, von der viele erfolgreiche Menschen sagen, das sie Wunder wirkt: Sage 1.000 Mal laut:

„Ich kann das!" – bis es sich echt und wahr anfühlt.

Folge den Anregungen der nächsten Kapitel erst, wenn dein lautes Aussprechen sich dreimal hintereinander richtig gut angefühlt hat.

Übung:

Falls du deinen Schatz noch nicht zum Beruf gemacht hast, versuche, einen Euro mit deiner Fähigkeit zu verdienen. Es ist ein überwältigendes Gefühl, auch nur einen Euro für etwas zu bekommen, von dem man meint, nie damit Geld verdienen zu können. So ging es einem Freund von mir, der immer gerne Kurzgeschichten geschrieben hat und eines Tages den Mut fasste, ein Buch daraus zusammenzustellen und es im On-Demand-Verfahren zu verlegen, so dass man es bei Amazon kaufen konnte. Er sagte mir, dass es ein überwältigendes Gefühl war, das erste Buch verkauft zu haben. Das waren die schönsten Euro, die er je verdient hatte!

Übung:

Verschenke deine Fähigkeiten, deine Produkte, deine Arbeit und schau, ob andere Leute sich darüber freuen. Wenn du das ein/zweimal gemacht hast, kannst du dir schon sicherer sein, dass du etwas kannst, was anderen nützt.

Kapitel III

Zeig dich mit dem, was du liebst

„Das Leben ist zu kurz,
um sich zu verstecken!“

Wenn du bei diesem Kapitel angekommen bist, dann weißt du, was du liebst und auch, dass du gut genug bist. Jetzt heißt es, loslaufen und anderen Menschen deine Fähigkeiten und dein Wissen anbieten, um ihnen damit zu nützen. Die Herausforderung besteht häufig darin, dass die anderen Menschen nicht wissen, dass sie mit ihrem „Problem" zu dir kommen können und bei dir eine richtig gute Lösung erhalten.

Wie verdiene ich mit meinem Schatz Geld?

Wie wird dein Schatz nun zu einer Tätigkeit, von der du leben kannst? Wenn dein Schatz zum Beispiel Sport ist oder du gerne kochst, dann bist du immer zugleich auch ein Problemlöser. Denn jeder Mensch hat viele Bedürfnisse, die er nicht alleine stillen kann. Er sucht dann nach jemandem, der ihm dabei hilft, diese Bedürfnisse zu bedienen. Er hat ein Problem. Du bringst anderen Menschen immer einen Nutzen, indem du bestimmte Probleme löst.

Schau dich einmal in deiner Umgebung um, denn an anderen ist es leichter zu erkennen: Welche Probleme lösen deine Freunde und Bekannten für andere? Denk nur einmal daran, wie gut es dir tut, Musik zu hören und was dein Lieblingssänger dir bringt: Er schenkt dir eine gute Stimmung und hilft dir, negative Gedanken und Gefühle zu vertreiben. Oder er spricht dir mit seinen Songs aus der Seele. In der Gastronomie bringen die Kellner hungrigen und durstigen Gästen das Essen und etwas zu trinken an den Tisch. Als Verkäufer kläre ich im Auftrag des Warenhauses Kunden über das Produkt auf bzw. informiere sie so ausführlich über seinen Nutzen, dass sie sich für oder gegen einen Kauf entscheiden können. Es gibt unendlich viele weitere Beispiele.

Damit die anderen Menschen den Nutzen, den du ihnen mit deiner Fähigkeit bringst, sehen können, musst du dich mit dem, was du liebst, vor ihnen zeigen. Heutzutage heißt das „Marketing". Aber ich will gar nicht mit so einem großen Wort kommen, denn es geht lediglich darum, anderen Menschen mitzuteilen, dass du etwas für sie tun kannst, wenn sie es wollen.

„Verdienen kommt von Dienen."

Dafür musst du zuerst herausfinden, welche Probleme du für andere Menschen oder für Unternehmen lösen kannst – und auf welchem Wege. Die folgende Tabelle soll dir ein paar Beispiele und Inspirationen geben. Du kannst am Ende deinen eigenen Schatz eintragen und dir überlegen, wer deinen Schatz braucht und wie du damit Geld verdienen kannst.

Mein Schatz	Wer braucht meinen Schatz	So kannst Du mit Deinem Schatz Geld verdienen
Ich liebe tanzen	• Menschen, die nicht tanzen können, es aber lernen wollen • Menschen, die sich daran erfreuen, andere Menschen tanzen zu sehen	• Tanzkurse geben • Einzelunterricht geben • Kindern tanzen beibringen • Dich als Tänzer anbieten (Musikvideos, Oper, Theater, Film, Eigene Veranstaltungen) • Tanz als Therapie anbieten (z.B. BioDanza, 5 Rythmen-Tanz in verschiedenen Einrichtungen oder als Seminar)
Ich liebe Orchideen züchten	• Menschen, die genau diese Orchideen suchen • Menschen, die lernen wollen, wie man Orchideen züchtet	• Du kannst ein Fachbuch schreiben • Fachjournalistisch arbeiten (Artikel für Fachzeitschriften schreiben) • Spezialgeschäft bzw. Online-Shop für deine Orchideen eröffnen • Großhändler für exklusive Floristen/Hotels/Gastronomie/Institutionen • Beraten oder beliefern • Dein Fachwissen der Wissenschaft verkaufen (z.B. in einem Institut arbeiten) • Floristenberater werden – dein Wissen anbieten • Orchideenhotline einrichten

Ich liebe Texte korrigieren	• Menschen, Unternehmen und Organisationen, welche die Öffentlichkeit mit ihren Texten erreichen wollen	• Bücher korrigieren für Verlage • Zeitschriften korrigieren • Werbung / Marketingmaterial korrigieren für Agenturen • Du kannst als freier Lektor oder als angestellter Lektor arbeiten. • Im Ausland für deutsche Firmen arbeiten, die viele deutsche Texte erstellen.
Ich liebe zuhören	• Menschen, die vor Entscheidungen stehen • Menschen, die Klarheit brauchen • Menschen, die einsam sind • Menschen, die dabei Hilfe brauchen sich auszudrücken	• Für den Telefon-Krisendienst arbeiten • Hilfe-Einrichtung gründen • Mentor, Berater, Coach für Menschen mit allgemeinen oder sehr speziellen Problemen, die dir liegen • Eigene Fürsorge-Hotline anbieten
Ich liebe es zu erfinden	• Alle Menschen, die bequemer, schneller, einfacher, effektiver Leben wollen.	• Du kannst Kreativworkshops geben • Unternehmen helfen, Innovationen zu entwickeln / deren Produkte verbessern • Ein Produkt entwickeln und es Unternehmen anbieten, direkt an Kunden verkaufen oder verkaufen lassen
Ich liebe, Menschen zum Lachen zu bringen	• Alle Menschen, die gerne lachen und sich unterhalten lassen wollen	• Eigenes Bühnenprogramm anbieten • Lustiges Buch schreiben und im eigenen Print-on-Demand Verlag herausbringen • Humor auf CD (Audio) oder DVD (Film) brennen und verkaufen • Straßencomedy • Witziges fürs Radio oder für Zeitschriften schreiben

Hier kommt dein Schatz rein	Hier schreibst du, wer deinen Schatz braucht	Notiere, wie du damit Geld verdienen kannst:
	TIPP: Lass dir vielleicht von ein paar deiner Freunde helfen ...	TIPP: Lass dir vielleicht von ein paar deiner Freunde helfen ...

Übung: Der Tu-was-du-liebst-Tag

Du hast erste Ideen gesammelt: Wie kannst du mit deinem Schatz nützlich sein und damit Geld verdienen? Gehe noch weiter: Lade ein paar Freunde ein, denen du vertraust. Erzähle ihnen von deinem Schatz. Gemeinsam überlegt ihr euch, wem du damit nützen kannst. So hast du am Ende einen ganzen Sack voll Ideen und Anregungen. Denn, du wirst sehen: Wenn mehrere Menschen sich mit deinem Schatz beschäftigen, können außergewöhnliche Lösungen auftauchen, auf die du alleine nie kommen würdest. Und das Tolle: Du hast dich jetzt das erste Mal mit deinem Schatz vor anderen gezeigt.

Wie kommst du nun dazu, dich vor Menschen mit deinem Schatz zu zeigen, die ihn brauchen und dafür zahlen? Zwei Dinge sind bei diesem dritten Schritt wichtig:

a) Was und wie zeigst du dich?

b) Wem zeigst du dich?

Zeig dich - aber was?

Wenn ich davon spreche, dich anderen Menschen mit dem, was du liebst, zu zeigen, dann meine ich: **Zeige anderen, was in deinem Herzen ist**. Ich möchte hierzu die Geschichte von Jens erzählen, der Schauspieler ist. Er hatte seit Jahren erfolgreich Theater gespielt, dann eine Ausbildung zum Filmschauspieler gemacht und versuchte nun seit zwei Jahren, ins Filmbusiness einzusteigen. Er hatte hunderte von Bewerbungen mit DVDs verschickt, auf der Filmausschnitte mit ihm zu sehen waren. Außerdem hatte er eine eigene Webseite.

Er traute sich auch, an Castings teilzunehmen, zu denen er eingeladen wurde, und konnte dort seine Kunst mit viel Engagement vorführen.

Er wagte sogar, für einen einzigen Drehtag 1.000 Euro zu verlangen. Doch leider hatte er nicht den Erfolg, den er sich wünschte. Und das mit einer Sache, die er von Herzen liebte und in der er auch gut war.

Er hatte scheinbar alle Schritte getan, die zum Erfolg führen:

★ Er weiß, was er liebt: die Schauspielerei

★ Er weiß, was er kann: richtig gut schauspielern

★ Er hat viele Bewerbungen verschickt und eine sehr schicke Webseite eingerichtet

★ Er traut sich, für seine geliebte Fähigkeit Geld zu nehmen

Als Jens hörte, dass ich dieses Buch schreibe, lud er mich ein. Ich sollte ihm sagen, warum es für ihn finanziell nicht so funktionierte, wie er wollte. Ich würde ihm vielleicht die eine oder andere Anregung geben können.

Ich hatte ein wenig Angst vor unserer ersten Coaching-Sitzung, denn aus der Distanz heraus konnte ich nicht erkennen, warum der erhoffte Erfolg sich bislang nicht einstellte.

Im Laufe unseres Gesprächs erkannte ich, dass er glaubte, Casting-Agenturen würden ihre Schauspieler vorwiegend nach äußeren Kriterien auswählen – nach Aussehen oder Lebenslauf. Davon war er absolut überzeugt. Als ich mir seine Bewerbungen anschaute, bemerkte ich, dass er darin überhaupt nichts Persönliches von sich zu erkennen gab. Er schrieb lediglich über seine bisherigen Erfahrungen, erklärte, dass er gern beim Film arbeiten würde und er schloss mit der Zeile:

„Über ein persönliches Gespräch würde ich mich freuen."

Kein Herz, keine Leidenschaft steckte in seinen Sätzen! Und da sah ich, wo das

Problem war: Er tat nur so, als würde er sich zeigen (Schritt 3), zeigte sich aber nicht wirklich. Ich sagte zu ihm:

„Was mich als Regisseur oder Produzent viel mehr interessieren würde als dein Lebenslauf, wäre dein Anspruch an dich selbst und an deine Arbeit."

Jens entgegnete:
„Das sind sehr intime Dinge. Ich habe Angst davor, abgelehnt zu werden, wenn ich sage, was ich liebe. Ich will nicht verletzt werden, und schon gar nicht bei Dingen, die mir so sehr am Herzen liegen."

Ich erwiderte:
„Sich vor anderen zu zeigen, ist immer sehr intim, und tatsächlich gehört immer etwas Intimes in die Eigenwerbung. Sonst wirst du dich immer fragen, warum dich keiner in der Tiefe sieht und wahrnimmt, warum niemand das Besondere an dir erkennt."

Ich forderte ihn auf, mir einmal zu erzählen, wie er seine Arbeit mache, worauf es ihm dabei ankomme, was sein Anliegen sei, was ihm ganz besonders Spaß und Freude mache und welche Fähigkeiten ihn seiner Meinung nach besonders auszeichneten. Als ich ihm diese Fragen stellte, kam sehr viel ans Tageslicht. Er sagte:

„Ich liebe es, die Vision des Regisseurs zum Leben zu erwecken. Und ich liebe es auch, es so oft zu probieren, bis es perfekt sitzt."

Er erzählte mir, dass es beim Film sehr darauf ankäme, eine Szene exakt zu wiederholen, damit die Kamera sie aus mehreren Perspektiven aufnehmen könne. Das wäre eine sehr wichtige Anforderung an einen Filmschauspieler. Er sagte, er würde das sehr gut können und sehr lieben.

„Genau das muss in deiner Bewerbung stehen! Das ist das, worauf es ankommt!", rief ich.

Und schon geriet er in Fahrt. Er erzählte mir, dass er über einen großen Emotionsradius verfüge, auf den er willentlich zugreifen könne. Das heißt, er kann auf Befehl die verschiedensten Gefühle sehr facettenreich vorspielen. Sein Anliegen wäre es, seine Zuschauer zu berühren, zu bewegen, zum Lachen und zum Weinen zu bringen. In diesen wenigen Zeilen steckt alles drin, worauf es ankommt – das möchte ein Regisseur oder Produzent wissen, und zwar noch bevor er den Lebenslauf, die Erfahrungen oder das Aussehen in Augenschein nimmt!

Was zeigt uns das Beispiel von Jens? **Wichtig ist, dass du dir darüber klar wirst, was dir bei deiner Arbeit am Herzen liegt**. Das findest du heraus, indem du beschreibst, wie das Ergebnis aussehen soll. Erinnere dich: Im ersten Kapitel hast du entdeckt, dass du immer eine Vision von deinem Ergebnis in dir trägst. Ein Beispiel: Ein Freund von mir ist Texter. Er hat ein ausgeprägtes Sprachgefühl und weiß, wie Sätze rhythmisch klingen sollen. Er achtet darauf, dass Wörter sich nicht zu oft wiederholen und feilt stundenlang an einzelnen Passagen.

Übung:
Das ist mir bei den Ergebnissen meiner Arbeit wichtig
So hat mein Freund der Texter geantwortet: „*Tonalität stimmt, Zielgruppe fühlt sich von den Formulierungen angesprochen, Rhythmus ist stimmig, Wörter passen, Texte lösen Emotionen aus, Absätze gehen ineinander über, Argumente treffen, innere Logik ist stimmig, Worte erzeugen schönes Kopfkino*"

Übung:
Welches Herzensanliegen hast du?
So hat mein Freund der Texter geantwortet: „*Menschen berühren, schöne Gefühle wecken, zum Nachdenken anregen, Erkenntnisse vermitteln, Menschen helfen, sich auszudrücken und verstanden zu werden, Missverständnisse zu vermeiden*"

Noch einmal: Diese Übungen sollen dir helfen, sichtbar zu machen, was du in deinem Herzen trägst. Denn so entsteht ein authentischer Kontakt. **Erst, wenn du dich wahrhaft zeigst, kannst du von anderen wirklich gesehen werden**. Ich weiß, das erfordert Mut. Aber es ist der einzige Weg, um entdeckt, gesehen und gebraucht zu werden.

Wenn du anderen Menschen zeigst, was für Ansprüche du an deine Arbeit stellst und warum du sie liebst, werden sie Vertrauen zu dir gewinnen. Sie werden deine Leidenschaft spüren und deine Fachkenntnis anerkennen. Das ist alles, was du brauchst, um den nächsten Schritt zu gehen: Für deine Arbeit Geld zu verlangen.

Auf den folgenden Seiten möchte ich einige sehr erfolgreiche Bewerbungsbeispiele vorstellen. Achte einmal darauf: Wie der eigene Anspruch und das Herzensanliegen präsentiert werden.

Chocoladefabriken
Lindt & Sprüngli GmbH
Personalabteilung, Herr D. Klose
Süsterfeldstr. 130

52072 Aachen

BEWERBUNG
BERLIN, 31. JAN. 2003

Bewerbung auf Grund Ihres Stellenangebotes auf der Internetseite von Lindt als Bezirksleiter für den Raum Berlin

Sehr geehrter Herr Klose,

1 mein ausgeprägter Wunsch und das Talent, Menschen offen zu begegnen, Kommunikation zu betreiben sowie Bedürfnisse zu erkennen und zu wecken, haben mich zum Verkäufer aus Leidenschaft werden lassen.

Begonnen habe ich meinen beruflichen Werdegang mit einer kaufmännischen Ausbildung mit anschließenden intensiven Erfahrungen in Handel und Gastronomie. Während einer 2-jährigen Zusammenarbeit mit Moët Hennessy Deutschland habe ich meine verkäuferischen Fähigkeiten weiterentwickeln können, die ich zuletzt in der Öffentlichkeitsarbeit für die CargoLifter AG eingesetzt habe.

2 Praxisorientiertes, eigenverantwortliches Handeln und Organisation sind meine Stärken. Kreativität, Engagement und die persönliche Identifikation mit einem Unternehmen sind meine Maxime. Auf Grund meiner Erfahrungen im Vertrieb von Markenprodukten und in der Präsentation von Unternehmensphilosophien sehe ich mich bestens geeignet, den Fach- und Einzelhandel als wichtigsten Vertriebspartner von Lindt zu beraten und zu unterstützen, um gemeinsam ein Optimum an Produktdarstellung und Absatz zu gewährleisten.

3 Ich fühle mich herausgefordert, für ein Traditionsunternehmen von Weltruf, dass ich schon immer als Verbraucher und Genießer hoch geschätzt habe, in einem festen Team tätig zu werden und neue Horizonte zu erreichen.

Auf ein persönliches Gespräch mit Ihnen freue ich mich sehr.

Mit freundlichen Grüßen aus Berlin

1 Das ist mir wichtig –
das ist mein Anspruch

2 So gehe ich bei meiner Arbeit vor.

3 Das mag ich!
Das reizt mich

FREELANCER-BEWERBUNG ALS
PRÄSENTATIONSKONZEPTER

1 ***„An eine gute Präsentation erinnert man sich, eine schlechte aber vergisst man nie!"***
Bernhard Weatherhill (Sprecher des britischen Unterhauses, 1994)

Sehr geehrte Damen und Herren,

berufsbedingt erreichen mich immer wieder Erlebnisberichte über **unprofessionelle Präsentationen,** die von den Betroffenen oft eher ertragen als genossen werden. Häufig können sie dem Vortragenden **nicht folgen** oder das **Präsentationsmaterial** in der gegebenen Form und Zeit **nicht erfassen,** geschweige denn **verstehen.** Am Ende sind sie bestenfalls gelangweilt und schläfrig oder aber schlimmer, wütend und ärgern sich über die vergeudete Zeit. **Professionelle und erfolgreiche Präsentationen zu entwickeln ist keine einfache Aufgabe!**

2 Wer die **Gedanken** seiner Auftraggeber **verstehen, ordnen** und in geeigneter Weise **visualisieren** will, muss nicht nur jahrelang gesammeltes **Know-how,** sondern auch eine große Begabung mitbringen: sich **einzufühlen.** Um dabei für Sie Ergebnisse zu erzielen, die Ihre Zielgruppe begeistern und überzeugen, muss ich in jedem Projekt

- zu Beginn des Prozesses mithilfe intelligenter Fragen die **wirklich gewünschten Absichten** und **Botschaften** der Präsentation herausarbeiten,
- **komplexe** Sachverhalte **verlustfrei vereinfachen,**
- die bewusste und unbewusste **Wirkung** von **visuellen Mitteln** genauestens **einschätzen** können und **3**
- **vor allem anderen** die Präsentation mit den **Augen des Publikums** sehen und im Detail nachverfolgen, wie sich das **geplante Informationsgebäude,** Stein für Stein, vor dessen innerem Auge zusammensetzt.

Bereits als Student (Medieninformatik) unterstützte ich Unternehmen wie **AT Kearney** und die **Deutsche Telekom** bei der Konzeption und Gestaltung von Präsentationen unterschiedlichster Art (linear, interaktiv, selbstlaufend, vortragsunterstützend, selbsterklärend etc.) und entwickelte als **Diplom-Abschlussarbeit** eine CD-ROM zum Thema **„Erfolgreich Präsentieren".** Während der darauffolgenden langjährigen Tätigkeit als Multimedia- & Präsentationskonzepter sowie Coach sind meine Fähigkeiten und Ansprüche in Hinblick auf Dramaturgie und Abfolge, Animationen, Schaubilder, Grafiken wie auch auf aussagekräftige Folientitel und verständlichen Fließtext beständig und kontinuierlich gewachsen.

Zudem entwickle ich nicht nur **professionelles Präsentationsmaterial,** sondern bereite ebenso den **Präsentierenden** umfassend auf seine Aufgabe vor, gebe ihm **wirkungsvolle Präsentationstechniken** an die Hand und weise ihn gezielt auf spezielle **Herausforderungen** in der **Informationsvermittlung** hin.

Als Werkzeug zur Umsetzung verwende ich **MS Office** bzw. **MS PowerPoint** sowie eine Vielzahl weiterer Grafik-, Animations- und Hilfsprogramme, die mich bei meiner Tätigkeit sinnvoll unterstützen.

Meinen Beruf übe ich seit Jahren mit außergewöhnlich viel Freude, Engagement und sichtbarem Erfolg auf selbstständiger Basis aus. Dabei werde ich zunehmend häufig als Berater für die Optimierung bereits bestehender Präsentationen und zur Vorbereitung des Präsentierenden hinzugezogen.

1 Dafür stehe ich

2 Ich habe Ahnung

3 So gehe ich vor – das ist mein Anspruch – das ist mir wichtig

1 Dafür stehe ich

2 Der Beweis für meine Leistungen

3 Das tue ich – das ist mir wichtig

Zeig dich – aber wem?

Nachdem du dir nun, wie Jens, selbst klar gemacht hast, was deine Herzensanliegen sind und du Sicherheit gefunden hast, diese Gewissheit anderen Menschen mitzuteilen, lautet die nächste Frage: Wem kannst du dich damit zeigen? Aus Erfahrung kann ich sagen: Meistens ist es so, dass man sich nicht als erstes an die Kunden herantraut, für die man am liebsten arbeiten würde. Also testet man sich selbst erst einmal mit weniger Risiko. Dabei kommt es darauf an, wer du bist und was du gerne tust. Wenn du zum Beispiel Kunsthandwerk herstellst, Seidenmalerei oder kleine Skulpturen, dann hast du eine Palette von Möglichkeiten, dich damit zu zeigen. Du stellst dich zum Beispiel auf den Wochenmarkt, du schnürst kleine Geschenkpakete und schickst sie mit einem Begleitschreiben an Firmen, Verbände oder an Menschen, denen das gefallen kann. Optimalerweise versendest du sie an so genannte Multiplikatoren wie zum Beispiel Lehrer, die etwas an ihre Schüler verteilen können, oder Verbände, die dich an ihre Mitglieder weiterempfehlen.

Natürlich kannst du auch direkt auf deinen Traumkunden losgehen. Dabei ist es egal, ob du selbstständig bist – oder ob du als Angestellter bei deinem Traum-Unternehmen arbeiten möchtest. Das zeigt das Beispiel von Thorsten. Er bot Lindt-Pralinen in einem Kaufhaus an. Es war nur ein billiger Promotion-Job. Er selbst liebte Lindt-Pralinen über alles, es war schon früher seine Lieblingssorte gewesen. Da es ihm so viel Spaß gemacht hatte, sah er sich auf der Website von der Firma Lindt um und bewarb sich auf eine freie Stelle als Regionalleiter (siehe erstes Bewerbungsbeispiel) – obwohl er dafür überhaupt keine Qualifikation besaß. Ich erinnere mich noch an seine Bewerbung: Er schüttete darin sein ganzes Herz aus über die tollen Produkte von Lindt und die Liebe zu der Arbeit mit Menschen. Lindt lud ihn ein, er durchlief zwei Bewerbungsschleifen und bekam den Job.

Zeige dich – aber wie?

Lass andere von deinem Schatz kosten

Als Koch wirst du sicherlich erfolgreich werden, wenn du dafür sorgst, dass es vielen Leuten gut schmeckt. Doch dafür musst du den anderen viele Gelegenheiten anbieten, bei denen sie von deinen Leckereien naschen können. Wenn du dein Essen nicht in die Chefetagen mit einem Brief verschicken kannst, dann schick ein Foto und dazu einen Text, bei dessen Lektüre einem das Wasser im Mund zusammenläuft. Versprich, dass du davon einen Teller mitbringst, wenn du dich vorstellen darfst. **Think out of the box: Denk dir was Neues aus, wie du die Menschen erreichst, verschenke eine Kostprobe**, sei mutig, provokativ und verschaff den anderen schon vorab ein Erlebnis.

TIPP:
Sorge dafür, dass die Menschen eine Kostprobe von dir und deiner Arbeit erhalten.

Denk dich in deine Zielgruppe hinein

Sprich über die Bedürfnisse deiner Zielgruppe, versetze dich in sie hinein und zeige, dass du sie verstanden hast und ihre Bedürfnisse verstehst und erfüllst. Als Koch kannst du zum Beispiel schreiben:

„Mein Essen ist nicht nur lecker. Es macht sie nicht träge, sondern belebt sie. Es hält Sie auch nach der Mittagspause noch lange wach!"

Wenn du Seidenmalerei verkaufst, dann inspirierst du deine Zielgruppe zu Ideen, wie sie die Seidentücher in Lampen verwandeln und aus ihrer Wohnung eine Kuscheloase zaubern können. Dabei hast du vorher herausgefunden, dass diese Zielgruppe gerne kuschelt und gern eine nette Atmosphäre um sich herum schafft. Was braucht deine Zielgruppe? Was schätzt sie besonders? Kannst du ihnen das liefern? Möchtest du genau das auch gerne geben? Zeig ihnen, dass du es gerne tust. Das geht, indem du alles, was du tust, mit all deiner Energie und mit einem liebevollen Blick für das Detail ausführst. Als ich mich einmal bewarb, steckte ich eine Karte mit einem Teebeutel in den Umschlag, auf der stand: „Medienkonzepter zum Tee". Und der Beutel trug den Titel: „Bewerbungstee". Ich habe damit deutlich gezeigt, dass ich eine kreative Seite habe, anders denke, mutig und locker bin. Wenn du vielleicht nicht so unkonventionell an die Sache herangehen willst, dann sprich die Leute förmlicher an. Sei dabei du selbst, ehrlich und authentisch.

Egal, auf welchem Weg du andere Menschen erreichst, die Hauptsache ist, du erreichst sie! **Es ist ein essenziell wichtiger Schritt, dich sichtbar zu machen**. Ich denke dabei immer an folgendes Bild:

Stell dir vor, du befindest dich in einer geschäftigen Fußgängerzone. Du hältst ein riesiges Schild in der Hand. Auf diesem Schild kann stehen „Ich repariere Ihre Schuhe" oder „Ich bringe Ihnen Italienisch bei" oder „Ich zeige Ihnen, wie Ihre Pflanzen noch besser gedeihen". Es werden viele Menschen an dir vorbeigehen, aber einige werden stehen bleiben und dich auf dein Schild ansprechen, weil Sie gerade eine neue Sprache lernen wollten oder ihre Sohlen gerade kaputt sind.

Versteh dieses Beispiel bitte symbolisch. Heutzutage gibt es sehr viele Wege, sich zu zeigen: Flyer drucken, E-Mails oder Briefe aussenden, eine Online-Präsenz aufbauen etc.

Kapitel IV

Trau dich, dafür Geld zu verlangen

„Du bekommst nie mehr
als du verlangst.“

\- Samuel Woitinski

Du weißt nun, was du liebst, du weißt auch, du kannst es und bist gut genug. Du hast dich anderen Menschen damit so gezeigt, dass sie auf dich zukommen und sich von dir helfen lassen möchten. Jetzt gilt es nur noch zu sagen, was du dafür haben willst.

Stell dir vor, du hast deinen ersten Auftrag. Du bist ganz aus dem Häuschen vor Freude, und selbstverständlich möchte dein Gegenüber nun wissen:

„Was bekommen Sie dafür?"

Wie lautet deine Antwort?

Für viele ist der Schritt, Geld anzunehmen, einer der schwersten auf dem Weg zum Erfolg.Wenn wir beginnen, unseren Schatz zum Beruf zu machen, sind wir am Anfang so dankbar, dass überhaupt irgendjemand unsere Dienste haben will, dass wir meist gar kein Geld nehmen wollen oder wenn, dann nur wenig. Wenn du jeden Tag mit Leichtigkeit deiner Lieblingstätigkeit nachgehst, Aufgaben für andere erledigst, ihre Probleme löst und dafür nur wenig Geld verlangst, dann wirst du nie wirklich zu dem verdienten Wohlstand kommen, der dir zusteht. Kennst du das auch von dir, dass du für die Erledigung von Aufgaben, die Freude und Spaß machen, kein oder nur wenig Geld verlangst? Ich selbst habe oft so gehandelt und es bei vielen anderen beobachtet. Bei mir hat es dazu geführt, dass es lange nur mein Hobby war, Präsentationen zu erstellen. Ich war einfach so überglücklich, so etwas für andere ausführen zu dürfen, dass ich dafür kein bzw. kaum Geld verlangte. Ich sagte einfach: „Dafür lädst du mich zum Essen ein."Obwohl es mir viel Freude machte, fühlte ich mich am Ende ein wenig ausgebeutet und meine Taschen waren leer.

Wenn wir verstehen, warum wir so handeln, können wir es ändern.

Einige Gründe, die ich gefunden habe, warum wir für das was uns Spaß und Freude macht kein oder wenig Geld nehmen:

- ★ Wir sind so froh, dass wir etwas machen dürfen, was uns Spaß macht und wir damit auch noch jemandem helfen – dass uns das schon Lohn genug ist.
- ★ Wir wollen uns darüber hinaus nicht durch Geld unsere Freude verderben lassen, indem wir durch unsere Geldforderung beim anderen eine Missstimmung erzeugen.
- ★ Wir wollen nicht riskieren, dass der andere einen Rückzieher macht, wenn er den Preis hört – auf einer tieferen Ebene haben wir Angst, keine Kunden zu finden und bankrott zu gehen.
- ★ Ist der Mensch jemand, den wir kennen oder mögen, ist es besonders schwierig, für uns Geld einzufordern. Wir möchten dem anderen ersparen, dass bei ihm ein Gefühl des Mangels aufkommt, eins, das wir selbst empfinden, wenn von uns jemand Geld verlangt.
- ★ Zudem kommt unsere grundlegende Überzeugung hinzu, dass das, was uns leicht fällt und Spaß macht, nicht viel wert sein kann.
- ★ Und unser eher niedriges Selbstwertgefühl hilft uns auch nicht gerade dabei, einen fairen Betrag für unsere Leistungen zu verlangen. Wir sind häufig der Meinung, uns stehe nicht mehr zu.

Was wir über Geld so denken

Es ist doch verrückt: Auf der einen Seite sehnen wir uns alle nach mehr Geld – auf der anderen Seite stecken in uns jede Menge Vorurteile, mit denen wir Geld schlecht machen. Hans-Peter Zimmer zählt in seinem Buch „Geld ist schön" viele gängige Vorurteile auf:

★ Geld allein macht nicht glücklich

★ Dieser Mensch ist „stinkreich"

★ Lieber arm und glücklich als reich und unglücklich

★ Die Reichen sind alle korrupt

★ Geld verdirbt den Charakter

★ Geld bringt nur Verantwortung mit sich

★ Man kann nur reich werden auf Kosten anderer

★ Reichsein ist ungerecht und unfair

★ Geld ist auch nicht alles

★ Geld ist die Wurzel allen Übels

★ Eher geht ein Kamel durch ein Nadelöhr,
als dass ein Reicher in den Himmel kommt

★ Kapitalisten beuten andere aus

**Die Wahrheit ist:
Geld alleine
macht nicht unglücklich!**

Übung:
Schreibe einmal auf, was du über Geld denkst – oder was man dir über Geld beigebracht hat:

____

____

____

____

____

Aus all diesen Gründen, die wir stark verinnerlicht haben, fällt es wahrscheinlich auch dir gerade am Anfang sehr schwer, das, was du liebst, anderen Menschen anzubieten und nur einen einzigen Euro dafür zu verlangen.

Diese tief sitzenden Einstellungen hindern uns daran, mit Spaß viel Geld zu verdienen. Deshalb heißt dieses Kapitel: „**Trau dich, dafür Geld zu nehmen**". Wenn wir Erfolg haben wollen, wenn wir ein Leben voller Leichtigkeit und Freude führen wollen, dann MÜSSEN wir uns TRAUEN, all diese beschränkenden Einstellungen zu überwinden und eine Summe zu nennen, die uns glücklich macht.

Wenn man sich nicht traut ...

Für den Erfolg reicht es nicht aus, täglich das zu tun, was man liebt. Denn, wenn man dafür kein oder zu wenig Geld bekommt, kann man viele andere Dinge im Leben nicht tun oder haben, die man ebenfalls liebt.

Dies spiegelt sich sehr gut in der Geschichte meines Lieblingsfriseurs wider. Warum liebe ich meinen Friseur so sehr und gehe immer wieder zu ihm? Weil ich es außerordentlich genieße, wie er meine Haare schneidet: Er nimmt sich viel Zeit, wechselt die Werkzeuge häufig und achtet sehr auf kleine Details in meinem

Haarschnitt. Er macht seinen Job schon seit 45 Jahren und ihm fehlt ein Finger. Er kann es nicht ausstehen, wenn andere Friseure wie am Fließband Haare schneiden. Er sagt:

„Ich werde Friseur sein, bis ich tot umfalle. Ohne meine Arbeit wäre ich nichts, hätte ich gar keinen Spaß im Leben."

Er hat viele Leute ausgebildet, die mehrere Friseurfilialen an den renommiertesten Plätzen in Berlin eröffnet haben und reich geworden sind. Seinen eigenen Laden musste er gerade wegen einer kleinen Mieterhöhung schließen. Jetzt hat er sich bei einem anderen Friseur einen Stuhl angemietet, um die Kosten niedrig zu halten. Als Ladenbesitzer konnte er sich keinen Urlaub leisten, weil er die laufenden Kosten für den Laden erwirtschaften musste. Er hat den möglichen Erfolg, den er hätte haben können, vermieden. Ein Männerhaarschnitt hat bei ihm noch nie mehr als 10 Euro gekostet. Ich sagte ihm, er könne doch mehr Geld nehmen für seine Leistung, er habe doch 45 Jahre Erfahrung, was nicht viele behaupten könnten in seinem Beruf. Man würde spüren, dass er seinen Beruf liebe.

„Wenn ich meine Preise erhöhe, laufen mir alle Stammkunden davon, weil es nebenan günstiger ist", protestierte er. Ich erwiderte:

„Ja, das ist möglich. Aber bei mir war es so, dass ich mit höheren Preisen auch reichere Kunden angezogen habe, weil diese mehr Geld ausgeben wollen. Und dies möchten reichere Leute wirklich, insbesondere für ihr Aussehen."

Aber er war davon nicht abzubringen, dass seine Haarschnitte einfach nicht mehr wert seien. Am Ende unseres Gesprächs lachte er laut auf, als ich ihm vorschlug, seine Preise zumindest zu verdoppeln.

Nach unserem Gespräch gab ich ihm 20 Euro, obwohl er wie immer nur 10 verlangte. Ich tat es, um ihm meine Wertschätzung zu zeigen und ihm ein Gefühl dafür zu geben, wie es sich anfühlt, das Doppelte wie sonst für einen Schnitt zu bekommen.

Einige Tage später erfuhr ich von einem Freund, dass mein Friseur nun 15 Euro nehme. Als ich ihn nächstes Mal darauf ansprach und fragte, ob er denn, wie befürchtet, Kunden verloren hätte, entgegnete er:

„Ja, einige schon. Aber dafür habe ich auch neue Kunden gewonnen."

Es ist so: Wenn du tust, was du liebst, und dich traust, dafür Geld zu nehmen, dann lässt sich der Erfolg nicht mehr vermeiden. Umgekehrt: Solange du es nicht schaffst, dafür Geld zu verlangen, wirst du wenig finanziellen Erfolg damit haben. Es erfordert Selbstbewusstsein und Mut, Geld zu verlangen.

Das Geheimnis: Es gibt einen unsichtbaren Zusammenhang zwischen deinem realen Kontostand und deinem Mutkonto. Sobald du dich traust, mehr Geld zu nehmen, zahlst du auch auf dein Mutkonto ein. Je mehr du auf deinem Mutkonto hast, desto leichter wird es dir fallen, deine Preise weiter zu erhöhen – und je höher deine Preise sind, desto mehr hast du auf deinem Mutkonto (Selbstwertgefühl).

Wie man lernt, sich zu trauen

Bevor ich dir nun einige Anregungen gebe, die dir dabei helfen können, dich zu trauen, das Geld zu verlangen, das dir zusteht, möchte ich dich gern fragen:

„Willst du mit dem, was du liebst, was dir Freude macht und dir leicht fällt, mehr Geld verdienen, als mit deinen bisherigen Tätigkeiten, die dir weniger Spaß gemacht haben?"

Und wenn du noch immer zögerst, fordere ich dich auf, Folgendes zu tun:

Verzichte auf Schmerzensgeld! Verzichte darauf, deinen Lohn, dein Honorar, das Geld, das du für deine Arbeit erhältst, als Lohn für erlittenes Leid zu betrachten. Sei dabei ehrlich zu dir selbst und frage dich: Betrachtest du manchmal deinen Lohn als Schmerzensgeld? Vielleicht haben wir uns ein bisschen daran gewöhnt, dass das von uns so hart verdiente Geld unsere geleisteten Anstrengungen kompensieren soll. Diese Gewohnheit kann der Grund sein, warum wir für Dinge kein Geld verlangen, die uns keine „Schmerzen“ verursachen.

Übung:
Mache mit dir selbst einen Vertrag. Gelobe dir selbst schriftlich, von jetzt an kein Schmerzensgeld mehr zu akzeptieren.

Hiermit verspreche ich,

dass ich nie wieder eine Arbeit mache, bei der ich den Lohn als Schmerzensgeld betrachten werde.

____________________ ____________________

Ort, Datum *Unterschrift*

Werde dir des großen Nutzens bewusst, den du anderen bringst!

Mir fiel es leichter, mehr Geld zu verlangen, als ich gesehen habe, dass meine Arbeit meinen Kunden hilft, Zeit zu sparen, Geld zu verdienen, sich besser verstanden zu fühlen, das ausdrücken zu können, was sie sagen wollten, mehr Zustimmung zu erhalten, glaubwürdiger und professioneller wahrgenommen zu werden etc. Je mehr dir bewusst wird, dass du anderen Menschen Nutzen bringst, desto leichter wird es für dich, einen Lohn oder ein Honorar einzufordern, das dich glücklich macht. Es entsteht irgendwann ein Gefühl von Fairness, wenn das, was du gibst, und das, was du bekommst, im Gleichgewicht sind.

Ein guter Freund von mir ist Stadtführer. Er macht großartige Arbeit, ist sich seines Nutzens aber nicht voll bewusst, obwohl ihm die Leute mittlerweile die Bude einrennen. Er ist so unterhaltsam und charmant, dass die Leute aus ganz Deutschland zu ihm kommen, um von ihm durch die Stadt geführt zu werden. Er muss teilweise ganzen Gruppen absagen, weil er ausgebucht ist. Aber er hat seinen Preis bis heute nicht erhöht – pro Person 9 Euro, Pärchen 15 Euro. Aus meiner Sicht könnte er es sich bei so viel Ansturm sicherlich leisten, die Preise zu erhöhen und entweder mehr Freizeit zu genießen oder am Ende mehr Geld in der Tasche zu haben.

Als ich ihn fragte, warum er seine Preise nicht erhöhe, sagte er:

- ★ „Ich möchte, dass auch die Armen sich mich leisten können."
- ★ „Meine Konkurrenz ist dann günstiger als ich."
- ★ „Ich verliere meine Stammkunden."
- ★ „Das passt schon so, wie es ist."
- ★ „Höhere Preise sind nicht fair."

Dabei beweist allein die Tatsache, dass er dermaßen gefragt und ausgebucht ist, überdeutlich, dass er großartige Arbeit leistet. Aus seinen Antworten lässt sich allerdings schließen, dass er den großen Nutzen, den er den anderen Menschen bringt, nicht sieht. Ich glaube, weil ihm die Arbeit leicht fällt und er sich nicht allzu sehr für sie quälen muss, misst er seiner Leistung keinen hohen Wert bei. Wenn es ihm gelänge, den tollen Nutzen zu sehen, den er bietet, würde er ein anderes Gefühl für „faire Preise" bekommen.

Schreib dir auf, welchen Nutzen du anderen Menschen mit deinen Fähigkeiten bringst. Je länger die Liste ist, desto leichter fällt es dir, mehr Geld zu verlangen.

Übung:

Meine Fähigkeit bringt anderen Menschen folgenden Nutzen:

Meine Fähigkeit sorgt für

____

Meine Fähigkeit verhindert, dass

____

Meine Fähigkeit erspart anderen

____

Meine Fähigkeit fördert

____

Meine Fähigkeit stellt sicher, dass

____

Meine Fähigkeit bringt den anderen

____

Meine Fähigkeit erhöht

____

Meine Fähigkeit erleichtert den anderen

____

Mache dir bewusst, dass andere Menschen das, was du liebst, gar nicht oder weniger gut können als du!

Keiner von uns kann alles, was er gern haben und tun möchte, alleine erreichen. Ich kann exzellente Präsentationen entwickeln, hätte aber auch gern eine Wohnzimmerlampe, einen Schnellkochtopf, einen guten Text für meinen Werbeflyer, einen gegrillten frischen Fisch und ein schönes Bild an der Wand. Alle diese Dinge können andere Menschen besser herstellen als ich.

Weil ich es nicht so gut kann oder es mich zu viel Zeit kosten würde, sind mir die Leistungen der anderen Menschen wichtig und wertvoll. Ohne die anderen Menschen, die mir zum Beispiel etwas über Bergwelten oder den Tango beibringen könnten, kann ich meine Wünsche nicht erfüllen. Um meine Wünsche zu erfüllen, bin ich bereit, Geld auszugeben. Ebenso verhält es sich bei meinen Kunden. Sie kommen zu mir, weil sie eine Präsentation von mir erstellt bekommen oder eine Beratung erhalten möchten. Wenn ich erkenne, dass meine Präsentation für sie dasselbe ist wie für mich der Tangokurs oder die gewünschte Wohnzimmerlampe, dann stellt sich automatisch ein Gefühl von Fairness ein: Wenn ich selbst Geld für eine für mich wertvolle Sache ausgebe, kann auch ich für Präsentationen Geld verlangen, weil sie für den anderen sehr wertvoll und nützlich sind. Betrachte es als einen Austausch. Merke: Ein Geschäft ist immer ein Austausch. Du gibst deinen Schatz und als Ausgleich bekommst du Geld.

Werde dir klar, dass andere Menschen für eine ähnliche Leistung noch viel mehr Geld verlangen, als du dir erträumst!

Wenn du dich fragst, ob du für deine Massage 50 Euro bzw. für deinen Werbetext 200 Euro verlangen oder ob du als Sekretärin als Gehaltsvorstellung 4.000 Euro nennen kannst, dann schau dich um und finde einen einzigen Menschen, der etwas Ähnliches wie du anbietet und damit mehr Geld verdient.

Das kann dir helfen, dich zu trauen.

Mache ein unmoralisches Angebot!

Gehe immer mal wieder neu das Risiko ein, einen Auftrag zu verlieren, indem du einen scheinbar unanständig hohen Preis nennst. Es gibt keine andere Möglichkeit herauszufinden, ob deine Leistung noch einen höheren Wert für andere darstellt.

Achte auf deinen persönlichen Lächelfaktor!

Ein gutes Kriterium für die Höhe des Betrags, den du verlangen kannst, ist der „Lächelfaktor". Bevor du einen Preis für deine Leistungen nennst bzw. in dein Angebot schreibst, denke kurz darüber nach, ob es dich glücklich machen würde, wenn du den Preis tatsächlich bekommst. Beispielweise denkst du darüber nach, 25 Euro pro Stunde für deine Leistungen zu verlangen.

Allein der Gedanke fühlt sich schon ganz gut an. Jetzt spiel ein Spiel mit dir selbst: Erhöhe in Gedanken den Betrag, sagen wir auf 35 Euro pro Stunde. Würde es dir gefallen, so viel zu bekommen?

Es gibt einen magischen Punkt, bei dem du plötzlich anfangen wirst zu lächeln. Vielleicht liegt dieser Punkt bei dir bei 60 Euro pro Stunde. Du rechnest das hoch auf den Tag, spürst ein Gefühl der Freude in dir aufsteigen, das sich voll und ganz in deinem Bauch ausbreitet und du lächelst vergnügt. Achte darauf: Es mag sehr schnell der Gedanke kommen:

„Das wäre zu schön, um wahr zu sein!"

Dann hast du deinen Preis gefunden. Verlange aber auch nicht viel weniger!

Vorsicht: Achte darauf, niemals mehr als diesen Preis zu nennen. Wenn sich der Preis zu weit von deinem Wohlfühlpreis entfernt, wirst du dich selbst zu sehr unter Druck setzen. Ich verlangte einmal auf eine Anfrage hin einen extrem hohen Tagessatz – mehr als das Doppelte meines Lächelfaktors. Ich wusste, dass die Agentur keine andere Wahl hatte. Als sie mich dann zu diesem Preis arbeiten ließen, bekam ich plötzlich Skrupel, ob ich dem Preis gerecht werden konnte.

Das blockierte meine gesamte Kreativität – ich versagte.

TIPP: Im Ersten Schritt geht es nicht darum, mehr Geld zu bekommen, sondern darum, mehr Geld zu verlangen!

TIPP: Du kannst leicht mit dem Lächelfaktor spielen, so lange genug zu essen im Haus ist und du die Miete zahlen kannst.

Wenn du diese Übung immer wieder machst, bevor du ein Angebot abgibst, wirst du bemerken, dass der „Lächelpreis" immer ein wenig ansteigen wird – denn du zahlst jedes Mal auf dein Mutkonto ein. So wird es sich nach und nach ganz natürlich anfühlen, deine Preise zu steigern.

Wenn du tust, was du liebst, stehst du außer Konkurrenz

Vielleicht hast du so große Angst davor, einen höheren Preis zu verlangen, weil du fürchtest, dass alle Kunden zur Konkurrenz abwandern. Ich verrate dir etwas: Der Wert deiner Arbeit ist unabhängig davon, was andere für dieselbe Leistung nehmen! **Es gibt keine Konkurrenz!**

Das gilt für alle Arbeiten, bei denen deine persönliche Note herauskommt und sichtbar wird. Persönliche Note heißt:

„So wie ich massiere, massiert keiner. So wie ich schreibe, schreibt keiner. So wie ich koche, kocht keiner. So wie ich fotografiere, fotografiert keiner."

Weil das so ist und weil es Menschen gibt, die es genau so lieben, wie du es tust, stehst du außer Konkurrenz. Du kannst deinen Wert fast komplett selbst bestimmen. Aber achte darauf, wie die Menschen auf deinen Preis reagieren – und passe ihn dann immer wieder den gegebenen Umständen an.

Ich kenne in Berlin einen Schuster, der Schuhe von Hand herstellt und sie genau den Vorstellungen und Füßen seiner Kunden anpasst. Für ein Paar nimmt er 2500 Euro. Jedes Paar Schuhe, das er schustert, ist ein persönliches Meisterwerk. Sein Produkt steht damit außer Konkurrenz.

Eine Bekannte von mir massiert ausschließlich dicke Frauen. Weil sie selbst einmal dick war, kann sie sich in ihre Kundinnen exzellent hinein fühlen. So schafft sie einen Raum des Vertrauens, in dem die Frauen sich trauen, sich auszuziehen und berühren zu lassen. Weil sie mit diesem Angebot so einzigartig ist, kann sie jeden Preis verlangen.

Ein weiteres Beispiel: Das Unternehmen, das Bionade herstellt, hat vor ein paar Monaten den Verkaufspreis um 20 Prozent erhöht. Die Art der Begründung war selten. Normalerweise bekommt der Kunde zu hören: Die Energiekosten sind gestiegen, wir haben schon seit zehn Jahren nicht mehr erhöht usw. Bionade hat das anders gemacht. Dieses Unternehmen hat Argumente gebracht wie:

„Bionade ist das Original. Das muss einfach am teuersten sein."

Oder:

„Wir sind der Meinung, unseren Kunden muss Bionade das wert sein."

Dies liefert ein hervorragendes Zeugnis dafür, dass ein einzigartiges Produkt keine Rechtfertigung braucht und keine Begründung, um die Preise zu erhöhen. Ein Unternehmen mit solchen Produkten hat auch keine Angst davor, dass billige Konkurrenten ihnen die Kunden wegschnappen – weil es weiß, wie einzigartig es ist.

Tipp: Werde dir deiner Einzigartigkeit bewusst!

Übung:
Was macht deine Leistung einzigartig?

Die Erkenntnis, mit der DU glücklich wirst

Es gab eine Zeit, da glaubten die Menschen, die Sonne drehe sich um die Erde. Als sie entdeckten, dass es genau umgekehrt war, war das eine Revolution. Was ich dir jetzt verraten werde, wird dein ganzes Universum genauso auf den Kopf stellen. Und wenn es nur eine Erkenntnis gibt, die du aus diesem Buch mitnimmst, dann diese:

Du warst in deinem Leben bis jetzt Opfer einer Gehirnwäsche: Du hast geglaubt, dass das, was dir schwer fällt, mehr wert ist als das, was dir leicht fällt. Wenn du aber reich und glücklich werden willst, musst du es genau umgekehrt machen:

Nimm mehr Geld für das,
was dir leicht fällt
und Spaß macht,
als für das,
was dich anstrengt!

Schau in die Zukunft: Prüfe, wie dein Leben sein wird, wenn du weiterhin kein Geld für die Aufgaben verlangst, die dir Spaß machen und leicht fallen. Du musst dann logischerweise dein Geld aus Tätigkeiten beziehen, die dir weniger Spaß machen und die du anstrengend findest. Du verbringst dann deine Tage bis zum Lebensende mit einem Job, der dich unzufrieden macht! Triff also die richtige Entscheidung: Nimm ab jetzt für alles, was dir Spaß macht, viel mehr Geld!

Wie sehr diese Erkenntnis ein Leben verändern kann, zeigt die Geschichte von meinem Freund Matthias. Matthias studierte Germanistik. Er liebte die deutsche Sprache und schrieb für sein Leben gern. Aber er konnte sich nicht vorstellen, damit auch nur einen Cent zu verdienen. Um seinen Lebensunterhalt zu bestreiten, erledigte er alle möglichen niederen Jobs: Er arbeitete als Türsteher, Crêpebäcker, Eisverkäufer, Promoter; er sortierte Bücher in Bibliotheken, stellte seinen Körper für Medikamentenstudien zur Verfügung oder spendete sogar Blutplasma. In sich trug er die tiefe Überzeugung, dass Geldverdienen anstrengend sein muss, Opfer fordere und fernab seiner wahren Talente lag. Wenn er seinem Talent freien Lauf ließ und seiner Leidenschaft nachging und Texte schrieb, nahm er kein Geld dafür. Er konnte sich damals nicht einmal vorstellen, dass ihn jemand für etwas bezahlte, das ihm so leicht von der Hand ging und so viel Freude bereitete. Dann geschah etwas, das sein Leben grundlegend verändern sollte: Eines Tages stellte er sich bei einer Werbeagentur als einfacher Flyer-Verteiler vor. Der Agentur-Chef las in den Bewerbungsunterlagen von dem Germanistik-Studium und fragte:

„Können sie gut schreiben?"

Mein Freund bejahte. Der Chef erwiderte:
„Wir suchen jemanden, der einen Text für einen Produktkatalog schreibt. Allerdings haben wir leider nur 300 Euro im Budget."

Für meinen Freund war das ein unglaubliches Angebot: 300 Euro für eine Tätigkeit, die er liebte! 300 Euro waren nach seinen bisherigen Maßstäben 30 Stunden in der Kälte stehen und Flyer verteilen. Den Text hatte er nach fünf Stunden fertig. Er schickte ihn an die Agentur, die ihm prompt sein Honorar überwies. Als er dieses Geld bekam, war er der glücklichste Mensch der Welt: Er konnte es gar nicht fassen, dass er mit seinem Schatz Geld verdient hatte. Später sagte er zu mir:

„In diesem Moment wurde mir klar, dass ich nur noch Geld verdienen wollte mit dem, was ich liebte. Ich erkannte: Es ist möglich! Von da ab konnte und wollte ich nicht mehr zurück. Heute verdiene ich meinen Lebensunterhalt nur noch mit Leichtigkeit und Spaß."

Du bist am Ende dieses Buches – und am Anfang deiner Reise

Jetzt hast du die Tu-was-du-liebst-Erfolgsformel und alle 4 Schritte kennen gelernt. Du hast deinen Schatz entdeckt. Du hast gelernt, an deine Fähigkeit zu glauben. Du hast gesehen, was, wie und wem du dich mit deinem Schatz zeigst. Und du hast erfahren, wie du damit Geld verdienen kannst. Dieses Buch hat dir also erste Impulse gegeben für die Reise, die jetzt vor dir liegt. Ich wünsche dir viel Mut, diese Schritte zu gehen und in deinem Leben umzusetzen.

Auf deinem Weg wirst du vielleicht Momente erleben, in denen du an dir und deinen Fähigkeiten zweifelst. Das ist vollkommen normal! Um dich bei deiner Reise weiter zu unterstützen, habe ich für dich zusätzliches Material gesammelt. Damit bekommst du weitere Antworten auf Fragen, die vielleicht noch offen geblieben sind.

Bonusmaterial

Geschichten, Fragen und Antworten

Die Geschichte von Thomas

Thomas war Bildhauer und kam zu mir, weil er zunehmend weniger Aufträge bekam und er schon fast kein Geld mehr besaß. Den ersten Schritt der Tu-was-du-liebst-Erfolgsformel hatte er schon lange getan: Er wusste sehr genau, was er liebte. Ich wollte herausfinden, ob er auch Schritt 2 erfolgreich gegangen war (Sag laut: Das kann ich!). Dafür musste ich zuerst herauszufinden, was er von dem, was er tut, ganz besonders liebt und sehr gut kann. Denn er modellierte als Bildhauer im Grunde alles. So hatte er auch einmal einen Elefanten im Laufen modelliert und in Bronze gegossen, ebenso Gestalten aus der griechischen Mythologie.

Ich ließ ihn über seine Arbeit erzählen. Dabei stellte sich heraus, dass ihn das Erstellen von Büsten (dreidimensionalen menschlichen Köpfen mit Schultern) am meisten begeisterte. Als er beschrieb, wie er diese Arbeit anging, spürte ich, wie der Künstler aus ihm sprach. Es handelte sich nicht einfach nur um einen gewöhnlichen Gipsabdruck, sondern um eine künstlerisch wertvolle Momentaufnahme des Gesichts.

„Die Gesichter von Menschen sind der Spiegel der Seele", schwärmte er. Ihm kam es sehr darauf an, mindestens ein prägnantes Wesensmerkmal des Gesichts herauszuarbeiten. Er erzählte mir noch, dass er Gerd Fröbe anhand einer Szene des James Bonds-Films „Goldfinger" modelliert habe. Als er dem Schauspieler damals diese Büste als Geschenk geschickt hatte, rief dieser Thomas an und lobte ihn sehr für seine gelungene Arbeit. Ohne es zu wissen, hatte mir Thomas eine mögliche Positionierung auf dem Markt genannt: Er ist Experte für „Dreidimensionale Portraits"! Wie so oft verhielt es sich so, dass auch ihm nicht bewusst war, dass er da etwas ganz Besonderes konnte, weil es ihm so natürlich vorkam und so viel Freude bereitete.

Sein Lächelfaktor

Er fertigte diese Porträts zwar schon seit vielen Jahren an. Dennoch wurden sie ihm nicht aus den Händen gerissen.

„Ich werde im Preis gedrückt. Die Leute wollen mir einfach nicht die Summe zahlen, die ich ihnen nenne, und das, obwohl ich schon von vornherein an der untersten Grenze ansetze",

beklagte er sich. Das machte mich stutzig, denn das hieß: Auch wenn der Preis bezahlt werden würde, wäre er nicht wirklich glücklich über den Auftrag! Daraufhin fragte ich ihn, bei welchem Preis er denn anfangen würde zu lächeln.

„Es ist völlig unmöglich, ein finanziell glückliches Leben zu führen, wenn du in dieser Angelegenheit deinen eigenen ‚Lächelfaktor' nicht beachtest. Der Lächelfaktor gibt dir Auskunft darüber, ob der Preis, an den du gerade denkst, dich glücklich machen würde", erklärte ich.

Du kannst für deine Kunst jeden Preis nennen. Du musst nur sicher dahinter stehen. Dafür musst du wissen, dass es dich glücklich macht, wenn du den Preis gezahlt bekommst. Gleichzeitig musst du ein `Nein´ in Kauf nehmen können, falls dein Kunde den Preis nicht akzeptiert. Diese Klarheit und das Wissen um den Wert deiner Arbeit verleihen dir eine starke Position. Das werden deine Kunden spüren. So werden sie deinen Objekten mehr Beachtung schenken und mehr Respekt zollen – **sie werden genau den Wert in ihnen erkennen, den du ihnen beimisst**."

Eine außergewöhnliche Idee

Als er mir erzählte, dass er so eine Büste auch anhand eines Fotos anfertigen könne, etwa von verstorbenen Menschen, da kam mir sofort eine Idee:

„Wie wäre es für dich, wenn du hauptsächlich für diese Büsten Aufträge bekämst, diese dafür aber wirklich gut bezahlt würden?".

Er erwiderte, das wäre sein Traum, damit wäre er glücklich. Ich fragte nun noch einmal nach:

„Weißt du, ob du gut bist, in dem, was du tust?"

Und er sagte, es gäbe da immer einen Zweifel. Um diesen Zweifel auszuräumen, fragte ich ihn:

„Kannst du aufgrund eines Fotos und einigen biografischen Angaben einen Menschen in guter Qualität porträtieren?"

Er antwortete: „Ja."

„Dann sag bitte laut: Ja ich kann das! und sag mir, wie sich das für dich anfühlt, wenn du das so laut aussprichst."

Er sagte laut: „Ja, ich kann das" und lächelte dabei. Ich sah in seinem Gesicht große Zufriedenheit. Ich erklärte ihm:

„Diese Frage ist absolut notwendig, um sich für alles Kommende sicher zu fühlen und es sich zuzutrauen."

Ich schlug ihm vor, zu den teuersten Beerdigungsinstituten der Stadt zu gehen und ihnen folgendes Geschäft anzubieten:

„Ab heute können Sie als Bestattungsunternehmer ihren Kunden eine außergewöhnliche individuelle Dienstleistung zusätzlich anbieten: eine Büste von verstorbenen Angehörigen, aus verschiedenen Materialien, für innen und außen, also auch wetterfest. Entweder auf dem Grabstein, oder für zu Hause."

Für die Kunden des Bestatters würde am Eingang des Instituts ein Muster-Exemplar mit einem Foto der verstorbenen Person aufgestellt werden. So könnten die Kunden sofort sehen, dass aus einem Foto eine so großartige Büste entstehen kann.

So eingepackt, als wäre sie eine Million wert

Ich habe Thomas ganz genau angeleitet, was er den Unternehmern in welcher Reihenfolge sagen soll und in welcher besonderen Art er seine Muster-Büste präsentieren soll, damit sie einen großen Überzeugungseffekt hat. Ein wichtiger Punkt war, dass er die Büste nicht einfach aus seinem Rucksack herausholte, wie er ursprünglich vorhatte, sondern dass sie so eingepackt wäre, als sei sie eine Million wert. Thomas kam auf die Idee, eine geschnitzte Holzschatulle zu bauen und sie mit rotem Samt auszulegen.

Der erste Schritt: Immer schnell und machbar

Der erste Schritt auf dem Weg zu der Umsetzung deiner Ziele muss schnell und machbar sein! Das ist bei einer neuen Idee immer sehr wichtig. In diesem Fall war es auch noch so, dass Thomas schnell Geld brauchte. Also musste eine Idee her, die sofort umgesetzt werden konnte. Bis zum ersten Auftrag sollten höchstens acht bis zehn Wochen vergehen. Zum anderen musste es eine Idee sein, die er ganz allein ausführen konnte. Ich hätte ihm wenig geholfen, wenn ich ihm geraten hätte, erst eine Homepage oder eine DVD produzieren zu lassen. Das wäre ein langer Weg gewesen. Und auch dann hätten wir immer noch nicht genau gewusst, wie man Aufträge generiert. Es hätte ewig gedauert, bis das erste Geld auf seinem Konto gelandet wäre.

Damit war Schritt 3, also wie und wem er sich als Nächstes zeigen sollte, geklärt.

Der Einzigartigkeitszuschlag

Schritt 4 bedeutete, sich zu trauen, dafür viel Geld zu nehmen. Er fragte mich, was er denn für so eine Figur, an der er eine Woche Arbeit hätte, verlangen sollte. Die Rechnung war einfach: Pro Monat konnte er höchstens drei Figuren herstellen, ohne sich zu überarbeiten. Und wenn er gut leben wollte, sollte er mindestens zwischen 3.000 und 4.000 Euro Gewinn damit haben. Auf den Kunden kämen noch die Materialkosten zu, so dass eine Büste je nach Material zwischen 2.000 und 6.000 Euro kosten sollte. Und dann empfahl ich ihm, einen Einzigartigkeitszuschlag zu berechnen – speziell von Thomas, dem Bildhauer. So würde eine Büste letztendlich zwischen 5.000 und 10.000 Euro kosten. Da machte er große Augen und fragte mich, ob ich das ernst meine. Ich entgegnete ihm, dass er nicht nur eine einzigartige Dienstleistung anböte, sondern auch eine sehr hohe Qualität. Allerdings sollte er das nur tun, wenn er sich innerlich damit wohlfühlen würde. Er könne ja auch die Preise jederzeit erhöhen.

Zusätzlich hatten wir die Idee, dem Filmmuseum eine Büste eines verstorbenen Schauspielers aus einer berühmten Szene zu schenken. Als Gegenleistung sollte er lediglich verlangen, seine Flyer neben die Büste legen zu dürfen. Vielleicht würde das Museum sogar weitere Büsten bei ihm bestellen oder es eröffneten sich andere Chancen.

Als ich das letztes Mal von Thomas gehört habe, stand er in vielversprechenden Verhandlungen mit einigen Bestattungsunternehmen und freute sich über die neuen Möglichkeiten, die sich ihm boten.

Wie Du Deine Träume verwirklichen kannst

Träume von deiner Lieblingssumme, sonst bekommst du sie nicht

Ich habe im Leben immer nur das erreicht, was ich mir klar vorher in meinem Kopf vorgestellt hatte. Je genauer die Vorstellung und je deutlicher mir das Ergebnis war, desto wahrscheinlicher war es, dass ich dort ankam. Erst neulich war ein Musiker bei mir, der zusammen mit drei weiteren Mitgliedern eine kleine Band hat, die eine sehr spezielle Jazz-Richtung spielen. Ich fragte ihn, was er denn im Monat verdiene und wie oft er Konzerte gäbe. Ich fragte ihn auch, wie viel er denn zum Leben bräuchte und wie viel er gerne hätte. Er meinte, er verdiene zwischen 50 und 300 Euro pro Abend. Dann sagte ich ihm:

„Stell dir vor, ich bin deine Wunschfee. Aber eine besondere. Und zwar erfülle ich nur große Wünsche. Mit den kleinen brauchst du mir erst gar nicht zu kommen. Was wäre in Bezug auf dein Einkommen ein großer Wunsch?"

Er stockte und war etwas perplex. Er wusste erst mal gar nicht zu antworten und sagte:

„Na, das ist ja eine schwierige Frage!" Nach einer Weile sagte er: „Toll wäre es, wenn ich 3.000 Euro pro Abend verdienen würde."

Und er lächelte dabei (der Lächelfaktor!). Dann sagte er mir, dass er zuerst an 1.000 Euro gedacht hätte. Aber da eine Fee, die nur große Wünsche erfüllte, vor ihm stand, musste er eine größere Summe nennen. Ich konnte ihm ansehen, wie schwer es ihm fiel, diese Summe zu nennen, und dass er sich dabei fast ein wenig schämte. Aber gleichzeitig brachte ihn der Gedanke an seine Wunschsumme zum Lächeln. Er sagte mir:

„Ohne diese Frage hätte ich mich wahrscheinlich nie getraut, soweit zu denken und das auch noch laut auszusprechen!"

Es ist doch so: Wenn er sich niemals getraut hätte, darüber nachzudenken, dass er 3.000 Euro pro Auftritt verdienen könnte, dann würde er diese Summe auch niemals bei einer Nachfrage verlangen. Also würde er sie nie bekommen. Allein die Tatsache, dass er jetzt diese Vorstellung laut ausgesprochen und dabei gelächelt hatte, öffnete die Chance für diese Möglichkeit.

Über deine Ziele nachzudenken garantiert dir nicht, dass du sie erreichst. Aber es ist die absolut notwendige Voraussetzung dafür, dass Du sie überhaupt je erreichen kannst!

Viele erfolgreiche Menschen behaupten, es sei eine Tatsache, dass nur etwas in deinem Leben wahr wird, wenn du dir vorher darüber Gedanken gemacht hast. Stellt sich dann nicht automatisch die Frage: **Traust du dich, groß zu denken? Traust du dich, nach den Sternen zu greifen?** Glaubst du, der Musiker würde jemals 3.000 Euro pro Abend verdienen, wenn er sich nicht traute, vorher darüber nachzusinnen und es laut auszusprechen? Das gilt nicht nur in Bezug auf das Geld, sondern für jeden deiner Wünsche.

TIPP:
Frage dich bei allen Dingen, die du tust oder dir wünschst, immer: Wie sieht das optimale Endergebnis für mich aus?

Wenn du dich nicht traust, dir darüber Gedanken zu machen und davon zu träumen, kannst du auch nicht danach handeln und es dir in dein Leben holen. Warum traue ich mich nicht darüber nachzudenken, wie mein Leben besser wäre? Warum verbiete ich mir sogar in Gedanken große Wünsche? Warum fällt es mir als Arbeitnehmer so schwer, mir vorzustellen, wie schön es wäre, mein eigener Boss zu sein – mit einem hohen Einkommen, während ich das ausübe, was ich gerne tue und was mir leicht fällt! Ich persönlich traue mich dies oder Ähnliches oft nicht, weil ich nicht weiß, **wie** ich es konkret umsetzen soll und weil ich den Weg nicht kenne, wie ich dorthin gelangen kann.

Prüfe für dich, warum du dich nicht traust, intensiv über die Verdopplung deines Einkommens nachzudenken. Ich selbst weiß in den allerseltensten Fällen schon sofort, wenn eine Idee, ein Traum oder ein Wunsch in mir hochkommt, wie ich sie oder ihn realisieren kann. Und es tut mir gut, diese Tatsache zu akzeptieren.

Wenn du den Prozess von einer Idee, die du kürzlich hattest, und dem Weg zu ihrer Umsetzung noch einmal durchgehst, wirst du dies leicht nachvollziehen können. Stell dir zum Beispiel vor, du kaufst dir eine neue Wohnung. Jetzt möchtest du die neue Wohnung gemütlich machen, um dich in ihr zu Hause zu fühlen. Du betrittst den weißen Raum, der einmal dein Wohnzimmer werden soll. In diesem Moment hast du noch nicht mehr als einen vagen Wunsch. Und die Idee von Gemütlichkeit. Wie du diese Idee in deinen eigenen vier Wänden verwirklichen kannst, weißt du noch nicht. Das stellt sich erst nach und nach heraus. Je mehr du darüber nachdenkst und dich an die Umsetzung machst, desto klarer wird das Bild deines fertigen Wohnzimmers. Eines Tages sitzt du in deinem gemütlichen Wohnzimmer und trinkst einen Rotwein. Wusstest du im Augenblick der Idee von Gemütlichkeit bereits exakt, wie du genau vorgehen wirst, um zum Ziel zu kommen? Nein.

Am Anfang ist immer die Idee – ohne Weg. Je entfernter der Wunsch von deiner aktuellen Situation ist, desto unwahrscheinlicher ist es, dass du sofort und genau weißt, wie du dir diesen Wunsch erfüllen kannst.

Ich bin überzeugt, du wirst im Rückblick auf dein bisheriges Leben sehen, dass es häufig vorgekommen ist, dass der Weg zur Realisierung deiner Idee und deines Ziels sich erst nach und nach entwickelt hat – lange nach dem Zeitpunkt, als die Idee entstanden ist. Bei mir ist es inzwischen sogar so: Je klarer mir wird, dass sich die Wege zum Ziel erst noch entfalten werden, desto weiter dürfen sich meine Wünsche von meiner aktuellen Situation entfernen. Durch das in der Vergangenheit gewonnene Vertrauen weiß ich, dass sich mir die Wege erschließen werden.

„Eine richtig große Idee
taucht selten gleichzeitig
mit einer genauen Anleitung
zu ihrer Verwirklichung auf."

– Samuel Woitinski

Dazu ein Beispiel: Einmal kam eine Dozentin auf mich zu, die Existenzgründungsseminare für arbeitslose Frauen anbot – sie war unglücklich über ihre Arbeitsbedingungen. Als ich sie fragte, wie sie sich ihr Arbeitsleben wünsche und was für sie optimal wäre, meinte sie, sie wolle ihr eigener Boss sein und die Themen und Seminarzeiten selbst bestimmen können. Sie erzählte mir gleich von ihren gescheiterten Versuchen, selbstständig Kurse zu organisieren.

„Ich bin keine gute Organisatorin. Ich möchte mich nicht um die Werbung, die Räumlichkeiten und das Catering kümmern. Das ist nicht mein Gebiet. Das mag ich nicht und das kann ich auch nicht."

Daraus zog sie den Schluss, dass sie es nicht schaffen wird, ihren Traum zu verwirklichen. Dass jemand anderes für sie die Organisation übernehmen könnte, war ihr noch nicht in den Sinn gekommen. Als ich ihr dies vorschlug, rief sie überzeugt aus:

„Das wäre zu schön, um wahr zu sein, aber das geht doch nicht!" Als ich ihr dann eine Firma empfahl, die sich genau auf diese Leistung spezialisiert hat, war sie total überrascht und gerührt.

Sie wäre viel früher darauf gekommen, diese Arbeit an andere zu delegieren, hätte sie sich erlaubt, diesen Wunsch einmal laut zu formulieren. Wahrscheinlich hätte sie dann von allein angefangen, nach Hilfe zu suchen und etwa eine Internetrecherche gestartet.

Wenn du dir sagst: „Das geht nicht" oder „Das wird schwierig", dann fängst du gar nicht erst damit an deine Träume zu verwirklichen.

Warum trauen wir uns nicht, Wünsche in uns entstehen und wachsen zu lassen? Ich bin überzeugt: Weil wir nicht sofort wissen, **wie** wir zum Ziel gelangen können und das macht uns Angst. Das Leben funktioniert aber andersherum: Die Antwort darauf, wie etwas gehen kann, ergibt sich oft erst, nachdem man sich einen Wunsch zugestanden hat.

Was ist dein Traum?

Traust du dich, einmal über einen großen Wunsch nachzudenken? Wichtig ist, dass du dich nicht dabei selbst behinderst, weil du schon genau wissen willst, **wie** du das Ziel erreichst – noch bevor du dich an deinem Traum erst einmal so richtig berauscht hast.

Was willst du in deinem Leben unbedingt einmal erreichen?

Wolfram Andes, ein Millionär, sagt:

„Überlege, was dich aufblühen lässt. Dem gehe nach!"

Es macht einen Riesenspaß, zu träumen!

GEHEIMTIPP:
Die Frage, wie dein Leben für dich sein soll, (d.h. welche Erfahrungen du machen willst) kannst du auf alle Bereiche deines Lebens anwenden. Wenn du dich dies nicht fragst, wird sich auch keiner deiner Wünsche erfüllen. Am besten, du machst es fest und fragst dich gleich auch noch konkret, wann genau dein Traum in Erfüllung gehen soll – du wirst sehen, dieses Datum besitzt magische Kraft mit extremer Turbowirkung.

Sag ehrlich:

Was wäre zu schön um wahr zu sein?

Praktische Tipps für deinen Weg

Wenn die erste Idee noch nicht die richtige ist

Natürlich gibt es auch den Fall, dass die erste Idee, die hochkommt oder die Tätigkeit, die einem momentan am meisten Spaß zu machen scheint, noch gar nicht die richtige ist. Tanja, eine ausgebildete Künstlerin, ist ein gutes Beispiel dafür. Sie arbeitete aus finanzieller Not als Sekretärin in einem Anwaltsbüro und war unglücklich. Als ich sie fragte, ob sie nicht etwas anderes anzubieten hätte, wofür man ihr Geld bezahlen würde, hatte sie nicht den geringsten Schimmer. Irgendwann fand ich dann durch Zufall heraus, dass sie gern Texte korrigierte. Eine ihrer Aufgaben in der Agentur, die ihr wirklich Spaß machte. Es dauerte nicht lange und ich fragte sie, ob sie das nicht freiberuflich anbieten wolle. Sie schaute mich total verdutzt an.

„Wer wird denn schon dafür etwas bezahlen?",

zweifelte sie. Das wusste ich natürlich auch noch nicht, aber ich sagte ihr:

„Ich bin überzeugt, dass es eine Menge Texte gibt, die korrigiert werden wollen."

Als ich daraufhin neugierig im Internet Recherchen anstellte, fand ich heraus, dass es sogar die Berufsbezeichnung „Korrektor" oder „Proof Reader" dafür gibt. Ich machte ihr einen Vorschlag:

„Lass uns das doch einfach mal testen. Wir erstellen ein zweiseitiges PDF-Dokument. Auf die erste Seite schreiben wir, dass du Korrektorin bist und das Korrekturlesen anbietest und du das gern und gründlich tust. Auf der zweiten Seite reihen wir die Unternehmen auf, für die du schon gearbeitet hast. Lass uns ruhig schreiben, dass du als Sekretärin gearbeitet hast, aber einer deiner bevorzugten Arbeitsbereiche das Korrekturlesen war."

Ich schlug ihr vor, eine Liste mit Verlagen aus dem Internet zu ziehen und ein paar hundert Bewerbungen per E-Mail herauszuschicken.

„Das kostet dich keinen Cent. Lass uns hören, was die Welt dazu sagt!",

ermunterte ich sie. Es hat noch ein paar Monate gedauert, bis ich sie davon überzeugen konnte, sich auf dieses im Grunde risikolose Experiment einzulassen. Neben einigen hundert Absagen kamen zwei bis drei konkrete Anfragen für das Korrekturlesen von Büchern und Zeitschriften. Tanja war daraufhin ganz aus dem Häuschen. Nie hätte sie sich dies je träumen lassen, dass wirklich jemand bereit sein könnte, ihr dafür Geld zu zahlen! Ein Jahr später gab sie das professionelle Korrekturlesen zwar schon wieder auf, weil sie erkannte, dass es zwar die spannendste Aufgabe im Sekretariat gewesen war, diese Tätigkeit sie aber nicht auf Dauer befriedigte. Viel wichtiger jedoch war die Erfahrung, dass sie sich nur mit dieser Dienstleistung zu zeigen brauchte und die Welt darauf positiv reagierte!

Diese Geschichte lehrt uns, dass es immer besser ist, etwas Neues zu versuchen und damit andere, gute, ermutigende Erfahrungen zu machen. Zum Beispiel: Kurse im Fach „Deutsch als Fremdsprache" zu leiten, ist für dich möglicherweise der erste mutige Schritt zu einer beruflichen Veränderung. Aber das muss nicht unbedingt zugleich heißen, dass du das nun dein Leben lang tun wirst (aber vielleicht ja doch!). Allein die Erfahrung, dass sich Menschen für einen Kurs von dir anmelden und du damit Geld verdienst, ist jedenfalls schon sehr erhebend. So schöpfst du Mut für größere Wagnisse.

Was ist, wenn alle mich für verrückt halten, weil ich mein Leben völlig umkrempele?

Wenn du dein Leben ändern willst, mach dich auf Skepsis gefasst. Meiner Erfahrung nach erhalten Menschen, die sich in eine für sie stimmigere Richtung verändern wollen, häufig nicht viel Zuspruch von ihrer Umwelt. Im Gegenteil, sie bekommen oft viel Gegenwind. Die Mitmenschen um einen herum, oft auch die Freunde und die Familie, werden die neuen Lebenspläne argwöhnisch betrachten. Ob es sich dabei um die Hausfrau, die schon seit 20 Jahren keinem Beruf mehr nachgegangen ist, oder um einen Busfahrer handelt, der zu seiner Familie sagt:

„Ich will auf der Bühne stehen!",

spielt dabei überhaupt keine Rolle. Ein gutes Beispiel für diesen Widerstand ist ein Freund, der seit drei Jahren unglücklich bei einem Unternehmen Werbespots mit dem Computer schneidet. Es sind immer wieder ähnliche Werbespots, er hat also wenig Abwechslung. Insgeheim träumt er davon, eines Tages Filmeffekte für Hollywood zu erstellen. Als ich ihn darauf ansprach, warum er nicht kündigte, obwohl er dort so frustriert sei, dass er täglich allen Menschen um ihn herum seine Klagelieder vorsinge, antwortete er:

„Wenn ich ganz ehrlich bin, dann höre ich schon meine Eltern sagen: „Das war doch ein sicherer Job und du hast doch auch gutes Geld verdient. Den hast du einfach so aus dem Fenster geworfen! Wovon willst du denn jetzt bloß leben, Junge?'"

Ich schlug ihm zwar damals vor, was er seinen Eltern entgegnen könnte:

„Ich weiß, der Job ist sicher und bringt mir ein regelmäßiges Einkommen. Aber ich bin nicht mehr mit meinem Herzen dabei, ich kann einfach meine Kreativität und mein Potenzial nicht mehr einbringen und entfalten. Es macht mir einfach keine Freude mehr. Das ist der Grund, warum ich kündige."

Aber es gelang ihm nicht. Er arbeitet immer noch in dieser Firma. Er hat es nicht gewagt, die Wahrheit auszusprechen. Die Wahrheit jedoch ist die wirksamste Methode, um die Zweifel der Umwelt auszuhebeln. Meist lautet sie so oder ähnlich wie das was ich meinem Freund geraten habe. Um es sich noch einfacher zu machen, empfehle ich, sich einen ausformulierten Satz zurechtlegen und immer wieder als Begründung zu wiederholen. Hinter diesem Satz musst du voll und ganz mit deinem Herzen stehen.

Mir hat damals ein einziger Grund gereicht, mich auf einen neuen Weg zu begeben. Und ich habe meine Wahrheit auch jedem um die Ohren gehauen, der mich nicht zu verstehen schien. Ich sagte

„Ich bin auf der Suche nach meiner Freude, mehr will ich gar nicht."

Das hat mir gut getan. Und die Leute wussten darauf nichts zu erwidern. Wenn mir jemand mit seinen Zweifeln kam, ob ich davon werde leben können, habe ich ihm mit meiner Zuversicht den Wind aus den Segeln genommen – indem ich einfach steif und fest behauptete, dass ich mir vollkommen sicher sei, dass alles gut gehen werde, auch wenn ich noch nicht wüsste, wie.

Auch bei vielen anderen sehe ich, dass dies klappen kann. So traf ich auf einer Weiterbildung einmal auf Klaus, einen Ingenieur, der von seiner trockenen Arbeit die Nase voll hatte. Er erzählte mir begeistert von einer Begebenheit auf einer Party, wo er alle Gäste zum Lachen gebracht hatte: Im Raum stand noch ein Staubsauger im Weg herum, als das Fest schon in vollem Gange war. Er zog das Kabel aus der Steckdose und tat so, als wolle er das Hindernis beseitigen. Ein Gast bemerkte dies, wollte behilflich sein und drückte auf den Knopf zum automatischen Einrollen des Kabels. Spontan tat Klaus so, als würde dieses Kabel ihn festhalten und mit sich ziehen. Er warf sich auf den Boden, zappelte und schrie. Die Partygäste lachten sich halb tot!

Er zog diese Nummer noch einige Male an anderen Orten durch und entdeckte, dass er sehr gut aus spontanen Situationen heraus reagieren und die Leute zum Lachen bringen konnte. Heute gibt er mehrere Shows im Jahr mit einem sehr witzigen Programm. Doch viele Leute, die ihn kannten und ihn noch nie in seinen lustigen Aktionen gesehen hatten, reagierten auf seine Pläne sehr skeptisch.

Suche dir einen wirklichen Freund

Auf diese Skepsis sollte man also unbedingt gefasst sein, wenn man einen neuen Weg einschlägt. Auch, wenn man sich im Vertrauen an einen Freund wendet und ihm von seiner neuen Idee erzählt. Denn es gibt zwei Arten von Freunden: Die einen werden kritische Bemerkungen machen, die sehr unterschiedlich klingen können: Das willst gerade du machen? Du kannst das nicht, du verstehst davon doch gar nichts! Oder: Das ist doch nur ein Hobby, dafür kriegst du doch niemals Geld! Das machen doch schon so viele! Oder sie werden deine Unsicherheit ausnutzen, dich fragen, ob die kleine, wackelige Hängebrücke in deinem Innern auch wirklich sicher ist. Sie werden dich fragen, wie du das alles schaffen willst. Und weil du ganz am Anfang stehst und noch nicht auf alles eine Antwort haben kannst, wird dich das so verunsichern, dass dich der drohende Abgrund komplett entmutigen wird. Die anderen hingegen werden dich ermutigen, diesen Weg zu gehen und an deine Träume zu glauben, weil sie sehen, dass du damit glücklicher werden wirst. Sie werden dir sogar ihre Unterstützung anbieten. Das sind deine wahren Freunde für deine neue Zukunft.

TIPP:
Wer einen lebensverändernden Weg einschlägt und plötzlich das tut, was er mag und auch noch allen kundtut, davon leben zu wollen, der sollte sich einen wohlwollenden Freund suchen.

Tanja, die Künstlerin, die jetzt übrigens mit Innenraumdekoration glücklich ihr Geld verdient, hatte auch nur skeptische Freunde um sich herum, die selbst Angst hatten vor neuen Schritten und es ihr nicht gönnten, wirklich glücklich zu werden. Nicht unbedingt bewusst, aber vielleicht unbewusst. Ihr genügte damals eine Person, die an sie glaubte und sie unterstützte. Deswegen ist meine Empfehlung: **Solange deine Idee noch ein zartes, verletzliches Pflänzchen ist, schütze es gut vor der Skepsis der anderen und wende dich an einen Freund, von dem du weißt, dass er dir wohlgesonnen ist** – und der vielleicht selbst verrückt genug war, sein Leben zu verändern und seiner inneren Stimme zu folgen.

Gehe vorsichtig über die Brücke

Plötzlich sein Leben zu verändern heißt, vor einer Schlucht zu stehen und nur über eine Hängebrücke hinüberzugelangen. Du kannst noch nicht einmal sehen, wo sie auf der anderen Seite befestigt ist! Das Einzige, was du weißt, ist: Auf der anderen Seite findest du deine Liebe und deine Freude. Das spürst du genau. Aber die Frage ist: Wie kommst du hinüber? Wie findest du heraus, ob die Hängebrücke dich trägt, ob sie sicher ist? Ich glaube: Du kannst es nicht vorher herausfinden. Du kannst nur den ersten Schritt machen auf die Brücke, ganz langsam, und dein Gewicht verlagern, so dass du dich sicher für den nächsten Schritt fühlst. Du setzt ganz langsam einen Schritt vor den anderen und testest, ob der Weg für dich sicher ist. Das gilt, egal wo du dich gerade befindest im Leben. Aber nachdem du herausgefunden hast, dass du etwas ganz anderes machen willst als bisher, verspreche ich dir eins: **Du brauchst nicht zu warten. Du kannst heute noch anfangen und den ersten Schritt machen.**

Dennoch, du kannst nicht einfach kopflos über diese Hängebrücke rennen. Deine Angst bewahrt dich auch vor dieser Gefahr. Es geht nur in kleinen Schritten, einer nach dem anderen. Jeder einzelne Schritt ins neue Gebiet muss sich so sicher anfühlen, dass du ihn machen kannst. Sonst wirst du ihn nicht machen. Das heißt zum Beispiel, dass du auch neben deinem Fulltime-Job anfangen kannst, die ersten Schritte in Richtung Selbstständigkeit zu gehen. Es ist wichtig, dass zu jeder Zeit deine existenziellen Bedürfnisse erfüllt sind, dass du was zu essen und ein Dach über dem Kopf hast. Der neue Weg lässt sich nur aus einer sicheren Situation heraus beschreiten. Finde heraus, wie viel Geld du mindestens brauchst, um dich sicher zu fühlen. Vielleicht ist es möglich für dich, auf eine Halbtagsstelle zu gehen. Dann passiert Folgendes: Du hast noch Geld für dein Essen und die Miete, und gleichzeitig bekommst du den Freiraum, den du brauchst, um etwas

Neues zu starten. Es ist nicht unmöglich, dass du aus einem Fulltime-Job heraus nebenbei noch etwas anderes aufbauen kannst, aber es steht deutlich weniger Raum dafür zur Verfügung. Manchen empfehle ich, auf eine Viertagewoche zu gehen, um noch einen Tag mehr in der Woche für sich zu haben. Dadurch haben sie letztlich drei freie Tage in der Woche, an denen sie das tun können, was sie lieben und es anderen Menschen zu zeigen.

TIPP:
Wo auch immer du hinwillst, der erste Schritt ist immer ein für dich jetzt machbarer Schritt.

Wann kommt das Geld?

Ganz häufig wird mir die Frage gestellt: Wann kommt das Geld? Die Regel ist, dass du die ersten Anfragen und Aufträge erhältst, sobald du anfängst, dich anderen mit dem, was du liebst, zu zeigen. Wie schnell und wie viel Geld dies sein wird, hängt dann von verschiedenen Faktoren ab:

- Wie vielen Menschen du dich zeigst,
- wie gut und einzigartig deine Leistung ist,
- ob du dich den richtigen Menschen zeigst,
- dich an die richtige Zielgruppe wendest,
- wie überzeugend deine Art ist, dich zu präsentieren
- und wie viel Geld du für deine Leistung verlangst.

Wie viel soll ich verlangen?

Ich will hier noch einmal eines deutlich herausstellen: Es gibt niemanden außerhalb von dir selbst, der sagt, was deine Leistung wert ist. Du darfst jeden Preis verlangen, den du willst. Es gibt keinen angemessenen oder unangemessenen Preis. Die Frage ist nur, ob du mit deinen Handlungen und Entscheidungen deine Ziele erreichst. Verlangst du zum Beispiel einen Preis, der so hoch ist, dass offenbar niemand bereit ist, ihn zu zahlen: Dann überdenke den Preis und Deine Leistung noch einmal. Vielleicht kannst du noch einen speziellen Service anbieten, der deinen Preis rechtfertigt.

Es ist okay, am Anfang wenig zu nehmen, aber man braucht auf dem anfänglichen Preisniveau nicht stehen zu bleiben. Bei jedem neuem Angebot hat man die Chance, die Grenze nach oben auszutesten – mit dem Risiko, dass jemand nein sagt.

GEHEIMTIPP:
Die Professionalität der Präsentation hat größeren Einfluss auf die Geschwindigkeit und die Größe des Erfolgs, als die Dienstleistung oder das Produkt selbst! Die Präsentation ist der größte Hebel, vor allem um am Anfang Neukunden zu gewinnen. Das ist ganz wesentlich. Wenn du nicht selbst eine Homepage basteln kannst, engagiere eine kleine Agentur, die das erledigen kann, und suche dir Leute aus, die dies mit Liebe tun.

„Es ist kein Verbrechen,
hohe Preise zu verlangen!“

– Samuel Woitinski

Ein paar Tipps zu deiner Preisgestaltung und Verhandlung:

★ Wenn jemand nein sagt, kann man immer noch mit dem Preis heruntergehen.

★ Man kann einen hohen Preis nennen, aber einen Verhandlungsspielraum bieten.

★ Man kann ein Kennenlern-Angebot machen – mit dem Hinweis, dass dies nicht der übliche Preis ist.

★ Auch, wenn es immer einen gewissen Spielraum geben sollte, in dem man sich bewegt: Es ist ungemein wichtig, niemals weniger zu verlangen, als die Summe, die einen glücklich machen würde! Sich ein bisschen herunterhandeln zu lassen, ist völlig in Ordnung. Wenn man von vornherein schon unter der eigenen Grenze ansetzt, hat man schon verloren.

Warum sollte jemand gerade von mir etwas kaufen?

Wenn du tust, was du liebst, wird sich das augenblicklich auf dein ganzes Leben auswirken. Weil es dir so viel Spaß macht, kannst du deine Freude gar nicht verstecken. Andere sehen das und fühlen sich von dem, was du tust, angesprochen. Und so finden sie es schön oder nützlich, was du da vor ihren Augen machst. Denn sie erkennen sofort deine Liebe fürs Detail – und erfassen intuitiv die hohe Qualität, die in deiner Arbeit steckt. Diese Qualität zeigt sich ganz von selbst. Auch du hast so etwas schon bei anderen erlebt, etwa an einem Samstag auf dem Wochenmarkt: Eine Frau, die Blumen verkauft, fällt dir auf, weil sie in ihrer Tätigkeit völlig aufzugehen scheint. Jede Blume zupft sie vorsichtig einzeln heraus, schenkt ihr einen zärtlichen Blick und hält sie liebevoll in den Händen. Du fühlst dich sofort zu ihr hingezogen, weil du spürst, dass ihre Blumensträuße einzigartig sind. Du gehst zu ihr hin. Sie fragt höflich, für welchen Anlass du die Blumen brauchst. Über jede Blume erzählt sie dir, wenn du zuhörst, eine kleine Geschichte. Dabei leuchten ihre Augen, und du bist ganz gerührt von der Begeisterung in ihrer Stimme. In Windeseile hat sie ein Blumengesteck zusammengezaubert, das in wundersamer Weise genau zu deinem Anliegen passt. Es besitzt eine exzellent ausgewählte Farbkombination, die auch auf andere ihre Wirkung nicht verfehlt. Spätestens ab jetzt bist du dir sicher, die richtige Entscheidung getroffen zu haben – egal, wie viel Geld du für diesen Strauß bezahlst: Die Kosten sind immer geringer, als der Nutzen, den du durch ihn bekommst. Im Gegenteil: Du hast vermutlich sogar das Gefühl, er sei ausgesprochen günstig gewesen. Denn du fühlst dich genährt, deine Stimmung ist aufgehellt. Und immer, wenn du mal wieder Blumen kaufen willst, wirst du wieder zu ihr gehen. Du hast Vertrauen gewonnen. Du wirst diese Blumenverkäuferin von Herzen und mit einem guten Gefühl jederzeit weiterempfehlen und dich sehr wohl dabei fühlen. Denn du weißt, dass du dem anderen damit etwas Gutes tust.

Khalil Gibran sagt:

„Arbeit ist sichtbar gewordene Liebe"

Menschen wollen immer beste Qualität geliefert bekommen. Sie kaufen, was sie glauben, sich leisten zu können bzw. ihrer Gehaltsklasse entspricht. Allein deswegen hast du schon gute Karten auf dem Markt, wenn du anbietest, was du liebst. Deine Arbeit ist immer ein eigener Teil von dir. Sie zeigt deine Persönlichkeit. Wenn andere dir bei der Arbeit zuschauen und die Freude sehen, mit der du sie verrichtest, fühlen sie sich vom Ergebnis angesprochen. Aus diesem Grund braucht man, wenn etwas gut ist, auch nicht so viel Werbung dafür zu machen, da sich deine gute Leistung und Qualität über Mundpropaganda von selbst verbreitet. Sehe ich jemanden, der mit Hingabe seine Arbeit verrichtet, einen hohen Anspruch an sich selbst und sein Tun hat, dann vertraue ich ihm und möchte auch gern haben, was er mir zu geben hat.

TIPP:
Wenn du weniger als die Summe verlangst, die dich glücklich machen würde, hast du schon verloren.

Was ist, wenn ich mit meinem Angebot keinen Erfolg habe?

Eine Bekannte von mir hatte sich zum Beispiel auf den lettischen Film spezialisiert und liebte es, darüber zu schreiben. Sie hat es nicht geschafft, sich damit ihren Lebensunterhalt zu verdienen. Dennoch wollte sie lange Zeit nicht davon loslassen und hat es verbissen weiterprobiert. Sie wäre beinahe daran gescheitert. Erst als sie erkannte, dass es eigentlich das Schreiben selbst war, das ihr wirklich Freude brachte, entdeckte sie, dass es viel mehr Dinge gab, über die es sich zu schreiben lohnte. Sie bemerkte zugleich bei sich auch die Fähigkeit, sich sehr gut in das einfühlen zu können, was andere sagen wollen. Heute ist sie Ghostwriterin und hilft anderen Menschen dabei, Bücher zu schreiben.

TIPP:
Besinne dich auf deine Fähigkeiten: Wenn du in deinem Beruf nicht weiterkommst, kannst du dich wieder auf die FÄHIGKEIT besinnen, die deinem Beruf zugrundeliegen, aus denen kannst du wiederum neue Tätigkeiten entdecken.

Kann ich auch mit etwas ganz Seltenem Geld verdienen?

„Ich züchte gern Papageien, ich löte neue Arten von Computerplatinen, ich baue mein Auto so um, wie es das nirgendwo zu kaufen gibt, ich kenne mich mit allen Farb- und Konservierungsstoffen aus, ich mache Knoblauchmarmelade, ich massiere Füße mit meinen Ellenbogen, ich sammle Vogelknochen – kann ich damit Geld verdienen?"

Die Antwort darauf lautet: Wahrscheinlich ja! Ich habe hier ein sehr gutes Beispiel vor Augen: Rainer, ein Musiklehrer, wollte einmal auf einer schönen Flöte spielen, die es seit Jahrhunderten nicht mehr zu kaufen gab. Das spornte ihn dazu an, sich eine selbst nachzubauen. Es dauerte ganze drei Jahre, bis sie fertig war. Er stöberte in alten Büchern, um Abbildungen von alten Flöten zu finden. Er stieß auf viele Herausforderungen bei der Herstellung und musste sich deshalb auch noch eigene Werkzeuge bauen, die den Werkzeugen aus alten Tagen ähnelten. Er besorgte sich echtes Elfenbein und ein besonderes Holz und ließ es fast drei Jahre trocknen, damit es später den richtigen Klang bekommen sollte. Am Ende seiner Mühen hielt er eine einzigartige Flöte in den Händen. Bei seinem nächsten Konzert spielte er darauf. Nach dem Konzert kamen einige Menschen aus dem Publikum zu ihm und fragten ihn nach dieser Flöte. Sie waren ganz bezaubert und wollten nun selbst so eine besitzen.

„Wo bekommt man heute eine solche Flöte her?" fragten sie.

„Ich habe die Flöte selbst gebaut, weil man sie schon seit über 100 Jahren an keinem Ort mehr kaufen kann",

erwiderte er. Und obwohl die Anfertigung einer Flöte weitere drei Jahre dauern würde, erhielt er eine Bestellung nach der anderen – und das bald aus der ganzen Welt.

Sogar mit so etwas Irrem und Verrücktem kann man also sein Geld verdienen! Auch Rainer machte alle vier Schritte meiner Tu-was-du-liebst-Erfolgsformel: Er hat etwas mit Liebe getan. Er fing an, sich in diesen speziellen Flötenbau einzuarbeiten und wollte für sich selbst, aus dem Inneren heraus, immer besser werden. Und dann zeigte er sich auf den Konzerten, so dass andere ihn hören und sehen konnten. Schließlich war er auch noch bereit, Geld für seine Arbeit zu nehmen.

Ich bin überzeugt, dass die Welt auf eine nützliche Leidenschaft reagiert. Man muss nicht mehr machen, als sich mit ihr zu zeigen. Nehmen wir an, du züchtest eine seltene Pflanzenart. Du hegst und pflegst sie täglich und sie ist dir so wichtig, dass du ihre Züchtung als deine Haupttätigkeit betrachtest. Es würde dich zum glücklichsten Menschen machen, wenn du den ganzen Tag dieser seltenen Tätigkeit nachgehen könntest - könntest du doch nur davon leben! Weil es nicht viele andere Menschen auf der Welt gibt, die diese Blumenart auch züchten und so lieben wie du, hat sie einen besonders hohen Preis. Die wenigsten werden genau diese Pflanze brauchen. Aber ein Institut in Atlanta oder Südafrika ist vielleicht ganz erpicht darauf, diese Züchtung in guter Qualität für ihre Forschungszwecke geliefert zu bekommen. Du musst lediglich dafür sorgen, dass sie dich finden können mit deinem seltenen Schatz. Auch, wenn du vorher nicht weißt, wer sich dafür interessieren könnte, kannst du dich auf eines verlassen: Wenn du etwas mit viel Liebe tust und es anderen zeigst (und zwar das Innere deines Herzens dabei offen legst), kommt die Nachfrage wie von selbst.

Was ist, wenn meine hohen Ansprüche mich bremsen?

Du musst dich bei der Arbeit nicht selbst übertreffen, um mit dir zufrieden sein.

Menschen mit einem niedrigen Selbstwertgefühl stellen die höchsten Ansprüche an sich. Diese hohen Ansprüche sind es manchmal, die uns daran hindern, uns einen Schritt nach vorne zu trauen. Ich zum Beispiel hörte erst auf, wenn mir etwas nahezu perfekt gelungen war. Auf diese Art und Weise war ich meistens unzufrieden mit mir und oft der Meinung, ich hätte Besseres leisten müssen. Ich glaubte, dass ich meine Kunden erst dann überzeugen kann, wenn ich selbst von mir und meiner Arbeit beeindruckt war. Ich projizierte also meine Unzufriedenheit und meinen Anspruch auf meine Kunden und glaubte häufig, sie würden meine Arbeit nicht gut finden. Wenn sie zu mir sagten:

„Du kannst das echt gut!",

war ich meist anderer Meinung. Dafür sorgte damals mein niedriges Selbstwertgefühl.

Wenn ich jedoch genau hinschaue, dann freuen sich meine Kunden schon über sehr viel weniger Leistung von mir. Ich muss also keineswegs 100 Prozent geben von dem, was ich kann. Anstatt, dass ich mich selbst jedes Mal aufs Neue übertreffen muss, um zufrieden zu sein, beschließe ich einfach, schon glücklich zu sein, sobald ich andere Menschen zufrieden stelle und ihre Erwartungen nur leicht übertreffe.

Für Jugendliche und junge Erwachsene:

Welche Ausbildung soll ich wählen?

Soll ich studieren oder soll ich eine Ausbildung beginnen? Soll ich das lernen, was mir Spaß macht, oder schauen, wo ich die besten Aussichten auf einen gut bezahlten Job erhalte?

Diese Fragen, besonders die letzte, stellte ich mir während meiner Schulzeit stets von neuem. Wie auch immer ich mich entschied, das angestrebte Ziel war ein guter Job bei einem möglichst großen und bekannten Unternehmen – und dann Karriere machen, so wie von Lehrern und Eltern erwünscht und erwartet.

Nach meinem Abitur dachte ich über verschiedene Ausbildungen nach. Und ich entschied mich für ein vierjähriges Studium der Medieninformatik an einer Fachhochschule in Berlin. Ein brandneuer innovativer Studiengang, um den mich damals viele beneideten! Jemand sagte mir damals:

„Gut Junge, im Computer steckt viel Geld, du machst das Richtige."

Ich hatte mir vorher einige sehr gute private Ausbildungsinstitute angeschaut, doch alle schieden aus zwei Gründen aus: Erstens würde ich dort keinen staatlich geprüften Abschluss bekommen und zweitens kosteten sie Geld. Wo würde ich ohne staatlich geprüften Abschluss enden? Wer würde mich ernst nehmen? Alle sagten mir, eine nachweisbare Qualifikation wäre in unserer Gesellschaft das Wichtigste. Und weil ich es damals nicht besser wusste, bewarb ich mich auf einer staatlichen Hochschule.

Heute wünschte ich mir, die Lehrer und alle anderen hätten zu mir gesagt:

„Gehe hinaus in die Welt und **schaffe Jobs** für andere, sei nützlich! Nutze deine Talente, glaube an sie und fördere sie! Gehe hinaus und verbessere die Welt! Diene den Menschen, und du wirst verdienen! Dazu benötigst du keine staatlich geprüfte Qualifikation. Du brauchst nicht einmal jahrelang zu studieren!"

Und noch mehr wünschte ich mir, sie hätten zu mir gesagt:

„Um viel Geld zu verdienen, tu, was du liebst. Wenn du unsicher bist, ob du gut genug bist, gehe zu Menschen, die genau das, was du liebst, schon tun. Lass dich von diesen Menschen ausbilden, egal was es kostet."

Heute sage ich zu dir: Wenn ein Talent von dir zu dem Zeitpunkt, an dem du die Schule verlässt, schon weit entwickelt ist, dann überlege dir, wie du gleich jetzt den Menschen um dich herum nützlich sein kannst. Falls Du noch das Gefühl hast, deine Fähigkeiten ausbauen zu müssen, dann suche dir einen Meister und lerne von ihm bis du gut genug bist. Und egal was kommt, glaube an dich selbst und an deinen Schatz!

Dazu einige Beispiele:

Alexander – ein sehr aufgeweckter und sympathischer junger Man aus dem Harz – habe ich auf einer fernen Reise getroffen. Nach seinem Abitur hat er seinen Wehrdienst geleistet. Danach packte er seinen Rucksack und reiste acht Monate lang durch Neuseeland. Er wartete auf einen Studienplatz im Fach Sport und Fitness. In unserem Gespräch stellte sich heraus, dass er mit 17 Jahren bereits seinen ersten Marathon gelaufen war. Er kam unter den ersten 100 jungen Erwachsenen ins Ziel und hatte nun schon mehrere Marathons hinter sich. Er ist diszipliniert, liebt die sportliche Herausforderung und widmet sich neben dem Lauftraining dem Extremklettern.

Mir wurde sofort klar, wie sehr er das, was er tat, liebte. Denn er verbrachte seine gesamte Freizeit mit Sport und hatte deswegen sogar schlechtere Noten in der Schule in Kauf genommen. Daher hatte er den Numerus Clausus nicht geschafft. Diese Zulassungsbeschränkung durch die Note hinderte ihn nun daran, sein Sportstudium sofort nach seinem Wehrdienst aufnehmen zu können.

Ich fragte ihn, warum er überhaupt zwei bis drei Jahre aufwenden wollte, um ein staatliches Studium zu absolvieren. Er antwortete, um Aussicht auf einen gut bezahlten Job zu haben. Ich riet ihm noch mal intensiv dazu, über Alternativen nachzudenken. Zuerst machte ich ihn darauf aufmerksam, dass er bereits zu jenem Zeitpunkt schon so viel Erfahrungen und Wissen über das Laufen besaß, wie kaum ein anderer Studienanfänger. Und für diese jungen Leute wäre er bereits heute schon ein hervorragender Lehrer, sprich: Er könne schon jetzt einigen Menschen nützlich sein und so sein Geld damit verdienen. Ich sah, wie er über meine Worte eindringlich nachdachte.

„Wie wäre es, wenn du schon ab morgen ein gut verdienender Fitnesslehrer wärst?" fragte ich ihn. Er fand den Gedanken attraktiv und ich riet ihm, zwei Dinge zu tun (**Schritt 3 und 4 der Tu-was-du-liebst-Erfolgsformel**):

„Sag allen Menschen, die du kennst, Bescheid, dass du für Langstrecken-Laufen, Abnehmen, Ausdauer- und Klettersport Trainingsstunden anbietest. Wenn dann einige von ihnen Interesse haben und fragen, was du dafür haben willst, trau dich, einen Preis zu nennen, der dich glücklich macht. Nimm in Kauf, dass es einige Menschen geben wird, für die er zu hoch angesiedelt scheint. Wenn du es dir leisten kannst, warte auf diejenigen, die ihn bezahlen wollen und können. Baue währenddessen deine Webseite und verteile Flyer etc. Falls du es dir nicht leisten kannst zu warten, gehe langsam mit dem Preis herunter."

Während du auf diese Weise dein eigenes Geld verdienst, begebe dich selbst zu noch besseren Trainern, lerne von ihnen und verbessere dich immer weiter. Ich bin überzeugt, dass der Weg über das Verdienen des eigenen Geldes zu mehr Erfolg und Glück im Leben führen wird, als über den Weg des Studiums und des Jobs. Ich bin gespannt, für welchen Weg sich Alexander entscheiden wird.

Anette liebt, was sie tut. Sie behandelt Menschen mit Wasser-Shiatsu (genannt WATSU), das perfekt gegen Stress wirkt: Im warmen Wasser schaukelt sie Menschen in die Entspannung, drückt dabei einige besondere Entspannungspunkte und lässt ihre Klienten schwebend tief in sich hinein sinken. Sie macht das nun schon seit sechs Jahren und lebt gut davon. Gelernt hat sie das in einem einwöchigen Kurs in Kalifornien (Es gibt diese Kurse mittlerweile überall in Deutschland.) Viel später hat sie die gesamte Ausbildung von zwei Jahren gemacht und konnte diese von ihren Einnahmen aus eigener Tasche bezahlen, obwohl sie ihre Tätigkeit in nur sieben Tagen erlernt hatte!

Ich gebe zu, das ist ein Crash-Kurs-Beispiel, aber es gibt unzählige Dinge, die man in einigen Wochen oder einigen Monaten zu einem ausreichenden Grad erlernen kann, um damit eigenes Geld zu verdienen.

Kim zum Beispiel liebte die Natur. Sie wusste nicht, was sie studieren sollte. Statt in Universitäts-Hörsälen zu sitzen und Biologie zu büffeln, wollte sie lieber den Wind spüren, den Wald riechen und im Wasser schwimmen. Sie pfiff auf eine staatliche Qualifikation und besuchte einen zweijährigen Outdoor-Kurs. Sie lernte dort alles, was man braucht, um sich in der Natur zurechtzufinden. Als sie fertig war, bewarb sie sich um eine Stelle in einem Sommercamp in den USA und arbeitete dort ein paar Jahre. Danach bot sie einem großen Kajak-Verleih-Unternehmen ihre Dienste als Guide an. Dort arbeitet sie freiberuflich und führt Touristen durch die Natur – zu Land und zu Wasser.

Du siehst: Es gibt immer viele Wege zu Glück und Erfolg – und das sind selten die offiziellen Wege, die jeder nimmt.

Robert Frost sagte in einem Gedicht:

„Im Wald, da war ein Weg,
der Weg lief auseinander,
und ich – ich schlug den einen ein,
den weniger begangenen,
und dieses
machte den ganzen Unterschied.„

Viel Erfolg auf deinem Weg zum Glück!

Lerne unbedingt den richtigen Umgang mit Geld!

Niemand wird dich in die Geheimnisse des Reichtums einweihen, wenn du dich nicht aktiv dafür interessierst! Beschäftigst du dich nicht mit diesem Thema, ist es sehr gut möglich, dass dir alles Geld, was du verdienst, zwischen den Händen zerrinnt – egal wie viele Millionen es sein werden. Wer 100.000 € im Monate verdient und genauso viel ausgibt, ist ein armer Mann.

Kostolani, ein Aktienmilliardär hat einmal sinngemäß gesagt:

„Reich ist nicht derjenige,
der viel verdient, sondern
derjenige, der viel behält."

Unter „Best-of-Liste" findest du dazu einige sehr nützliche Literaturempfehlungen von mir.

Best-of-Liste

Es ist erst ein paar Jahre her, dass ich mein erstes Buch aus der Sparte Erfolgsliteratur in den Händen hielt. Ich blätterte die ersten Seiten durch, las ein paar Zeilen und wurde ärgerlich, wütend, frustriert und traurig. Ich traute meinen Augen nicht! Warum hatte mir nie jemand erzählt, dass es Bücher gibt, die genau beschreiben, wie ich meine Träume im Leben erfolgreich verwirklichen kann? Ich lernte: Es gibt erfolgreiche Menschen, die ihre eigenen Schritte an andere Menschen weitergeben, so wie ich dies mit dem vorliegenden Buch tue. Andere Bücher wiederum fassen die Gemeinsamkeiten vieler erfolgreicher Menschen und Methoden zusammen.

Ich wäre nie auf die Idee gekommen, dass Milliardäre mir mitteilen möchten, wie ich an ihrem Erfolg teilhaben kann! Ich denke mir, es ist so: Entdeckst du eine Goldader, die viel mehr Gold hergibt, als du in 1.000 Jahren ausgeben kannst, willst du doch nicht allein in deinem Schloss sitzen und nur vom Allerfeinsten essen, während du zusiehst, wie andere sich 40 Stunden die Woche abrackern, dabei kaum etwas verdienen und unglücklich sind.

Als ich begann, tiefer in die Materie des Erfolgs einzudringen, stellte ich fest, dass es immer dieselben Fragen sind, die mich ebenfalls schon ein Leben lang beschäftigten. Es hatte mir jedoch nie jemand jemals eine vernünftige Antwort geschweige denn Anleitung zum Erfolg in die Hand gegeben. Dies versuche ich mit meinem Buch zu tun.

Die übliche Erfolgsliteratur ist unterteilt in verschiedene Themenbereiche. Hier einige der wichtigsten:

- ★ Coaching, Bewusstsein und Lebensziele
- ★ Finanzen
- ★ Disziplin
- ★ Kommunikation & Marketing
- ★ Zeitmanagement

★ Gesundheit

★ Unternehmens- und Mitarbeiterführung

★ Richtiges Denken und die Naturgesetze des Erfolgs (Spirituelle Gesetze)

Ich habe für dich eine Liste mit einigen sehr guten Büchern aus einigen dieser Bereiche zusammengestellt. Nicht, damit du unbedingt losziehst und alles davon liest, was du selbstverständlich gern tun kannst – schaden wird es sicher nicht. Mein Gedanke beim Zusammenstellen war, dass du dir die Liste anschaust, vielleicht in einen Bereich eindringst, der dich besonders neugierig macht, und dass dir, wie mir, plötzlich ein Licht aufgeht und du dir sagst: Wow, darüber gibt es ein Buch, das ist ja großartig! Endlich bekomme ich darüber ein paar lang ersehnte Antworten.

Viel Spaß dabei!

Erfolg & Business

50 Klassiker des Erfolgs

Tom Butler-Bowdon

Dieses Buch ist sehr gut als Einführung geeignet. Mir hat es für viele Dinge die Augen geöffnet und mich auch nachhaltig dazu motiviert, meinen Träumen nachzugehen. Es hat mir gezeigt, dass auch Menschen aus armen Verhältnissen reich und glücklich werden können. Das Besondere ist diesem Buch ist, dass es 50 Bücher in einem vereint. In diesem Buch findest du Antworten auf die Fragen: Wie wurden die erfolgreichsten Menschen so erfolgreich? Was sind ihre Geheimnisse und die Empfehlungen zu allen Bereichen des Erfolgs?	• Gebundene Ausgabe: 436 Seiten • Verlag: Moderne Verlagsges. Mvg (24. Februar 2005) • Sprache: Deutsch • ISBN-10: 3636061852 • ISBN-13: 978-3636061850

Großerfolg im Kleinbetrieb:
Wie man einen Betrieb mit 1 bis 40 Mitarbeitern zum Erfolg führt

Hans-Peter Zimmermann

Dieses Buch gibt eine sehr gute Einführung, wie man seinen eignen kleinen Betrieb mit wenig Mitteln zum Laufen bringt. Auch wenn du noch gar nicht vorhattest, ein Unternehmen zu gründen, kann dieses Buch dich inspirieren, Impulse setzen und dir die Ängste nehmen.	• Broschiert: 277 Seiten • Verlag: Redline Wirtschaftsverlag; Auflage: 6., aktualis. A. (Oktober 2007) • Sprache: Deutsch • ISBN-10: 3636014595 • ISBN-13: 978-3636014597

Abenteuer Business: Business ist Kunst

Ralf Nemeczek

Dieser Titel ist ein ganz besonderes, wenn auch nicht günstiges Buch. Im Grunde ist es ein Kunstwerk, das dein Unterbewusstsein anspricht und dich innerlich zum Denken anregt. Es konfrontiert dich mit 120 verschiedenen Themen, jeweils immer eines auf einer Doppelseite. Wenn du für Kunst empfänglich bist, bietet dieses Buch einen spannenden Zugang zur Businesswelt.	• Gebundene Ausgabe: 256 Seiten • Verlag: Wu Wei Verlag (März 2001) • Sprache: Deutsch • ISBN-10: 3930953048 • ISBN-13: 978-3930953042

Die Magie des Erfolges:
Ihr Weg zu persönlichem und finanziellem Reichtum und Wohlstand:

Bernd W. Klöckner

Dieses Buch stammt von einem der erfolgreichsten Coaches und Trainer im deutschen Raum. Mir hat es viele wertvolle Impulse gegeben und Prinzipien aufgezeigt, die ich in meinem Leben praktisch anwenden kann. Sie helfen mir, nicht von meinem Lebensweg abzuweichen oder meine Träume aufzugeben. Bernd W. Klöckner zeigt in seinem Buch eine Kombination von bewährten und ganz neuen Erkenntnissen und weist seinen Lesern den sicheren Weg zu garantiertem Reichtum und Erfolg. Sein Buch enthält sieben leicht verständliche und umsetzbare Prinzipien, die den Erfolg ausmachen und bereits Tausende von Menschen ans Ziel gebracht haben.	• Taschenbuch: 224 Seiten • Verlag: Goldmann Verlag (1. November 2001) • Sprache: Deutsch • ISBN-10: 3442163307 • ISBN-13: 978-3442163304

Brian Tracy:
Die Geheimnisse der Self-Made Millionäre (DVD)

Diese DVD ist ein kleiner Inspirationshappen zum Einstieg. Er enthält allerdings bereits einige sehr praktische und leicht umsetzbare Ideen und Methoden, die du sofort einsetzen kannst, um deinen Zielen näher zu kommen. Man kann sich diese DVD auch ausleihen.	• Format: PAL • Anzahl Disks: 1 • Life Success Media GmbH • Erscheinungstermin: 30. Juni 2008 • Spieldauer: 45 Minuten • ASIN: B001BYOUQ

The Edge-Der Vorsprung [Box-Set]

Anthony Robbins

Anthony Robbins ist mein absoluter Top-Favorit, wenn es um Persönlichkeitsentwicklung geht. Er hat mir einige Tricks verraten, wie ich mich selbst nachhaltig ändern kann, ohne mich selbst zu quälen. Er beantwortet die Fragen darauf, wie du die Dinge, die du eigentlich tun solltest und willst, aber immer wieder aufschiebst, von nun an gern und mit Begeisterung tun kannst. Er gibt eine Anleitung für dein Gehirn. Denn, wenn man das Gehirn korrekt verwendet, erhält man erstaunliche Ergebnisse. Leider hat man uns in der Schule nicht wirklich beigebracht, unser Gehirn so zu nutzen, dass es uns zu unseren Zielen bringt, und zwar mit Leichtigkeit, Spaß und Erfüllung.	• Audio CD (1. Februar 2008) • Anzahl Disks/Tonträger: 4 • Format: Box-Set • ASIN: B0011FDTM4

Das Robbins Power Prinzip

Anthony Robbins

Das zentrale Werk von Anthony Robbins, dem Top-Experten und Coach aus den USA! Dieses Buch beschreibt auf über 500 Seiten alles, was du brauchst, um dein Leben mit einer neuen leidenschaftlichen Energie auszustatten, radikal umzukrempeln und nur noch das zu tun, was dich erfüllt. Das Buch gibt Hintergrundinformationen aus der Entwicklungspsychologie und Persönlichkeitsentwicklung, ist aber in erster Linie, wie ein Arbeitsbuch, sehr praktisch ausgerichtet. Die Methoden, die du dort lernen kannst, vermögen dir die Kontrolle über dein Leben zurückzugeben – sie sind revolutionär.	• Broschiert: 543 Seiten • Verlag: Ullstein Tb; • Auflage: 1 (November 2004) • Sprache: Deutsch • ISBN-10: 3548742262 • ISBN-13: 978-3548742267

Das 1-Million-Euro-Buch

Jan van Helsing und Dr. Dinero

Dieses Buch verrät einige zentrale Geheimnisse der Erfolgreichen. Es ist superleicht geschrieben, enthält aber umso mehr Substanz an interessanten und profunden Informationen, die nicht nur zum Nachdenken anregen, sondern dir auch helfen, dich von begrenzenden Glaubenssätzen zu befreien. Zudem bietet es viel neuen Stoff zum Nachdenken.	• Gebundene Ausgabe: 300 Seiten • Verlag: Ama Deus Verlag (9. April 2009) • Sprache: Deutsch • ISBN-10: 3938656999 • ISBN-13: 978-3938656990

Die 4-Stunden-Woche:
Mehr Zeit, mehr Geld, mehr Leben

Timothy Ferriss

Eines meiner absoluten Lieblingsbücher, das mir die Augen für eine ganz neue, freie Lebensweise geöffnet hat. Es zeigt auf eine besonders praktische Art, wie man sich ganz schnell freischaufelt und bietet dir Strategien an, mit denen du als Angestellter oder Selbstständiger mit nur einigen Stunden in der Woche Arbeit deinen Lebensträumen nachgehen kannst.	• Broschiert: 352 Seiten • Verlag: Ullstein Tb (September 2010) • Sprache: Deutsch • ISBN-10: 3548372635 • ISBN-13: 978-3548372631

Finanzen

Der Weg zur finanziellen Freiheit: Die erste Million

Bodo Schäfer

Dieses Buch hat mir die Augen dafür geöffnet, wie unbewusst ich bisher mit meinen Finanzen umgegangen bin. Vor allem verstand ich nach der Lektüre, wie ich mein Geld dafür einsetzen konnte, bald finanziell frei zu werden. Wer die Macht von Zinseszins nicht versteht, der kann nur schwer wirklich reich werden. Ein Bestseller, der sich wirklich lohnt zu lesen.	• Taschenbuch: 320 Seiten • Verlag: Deutscher Taschenbuch Verlag; • Auflage: 1 (1. April 2003) • Sprache: Deutsch • ISBN-10: 3423340002 • ISBN-13: 978-3423340007

Der reichste Mann von Babylon:
Erfolgsgeheimnisse der Antike - Der erste Schritt in die finanzielle Freiheit

George Samuel Clason

Dieses Buch ist ein echter Hammer. Es ist wie ein Märchenbuch für Erwachsene, das sich nur mit dem Thema Geld beschäftigt. Ich habe unglaublich viel über die Gesetze des Reichtums gelernt. Auch erzählt es in vielen Bildern, die einem noch lange im Gedächtnis bleiben, davon, wie man Geld anhäuft, Geld investiert, wann man Geld behält, wann ausgibt und wann und an wen man es verleiht oder eben nicht. Das Buch hat man in drei Stunden ausgelesen und wird es definitiv weiterverschenken.	• Autor: George Samuel Clason • Taschenbuch: 208 Seiten • Verlag: Goldmann Verlag (1. Januar 2002) • Sprache: Deutsch • ISBN-10: 3442163838 • ISBN-13: 978-3442163830

Rich Dad, Poor Dad:
Was die Reichen ihren Kindern über Geld beibringen

Robert T. Kiyosaki

In diesem Buch geht es um das Hamsterrad und wie man ihm entfliehen kann. Der Autor beschreibt, wie er mit zwei Vätern aufgewachsen ist: Der eine reich, der andere arm. Beide haben ihm viele Ratschläge gegeben und beim Lesen erkannte ich, wie meine eigene Denke auf Armut programmiert war. Der Autor erklärt detailliert, wie man sein Geld für sich arbeiten lassen kann und wo der Hauptunterschied zwischen armen und reichen Menschen besteht. Sehr lesenswert.	• Taschenbuch: 288 Seiten • Verlag: Arkana TB (11. Dezember 2006) • Sprache: Deutsch • ISBN-10: 3442217784 • ISBN-13: 978-3442217786

Denke nach und werde reich. Die Erfolgsgesetze

Napoleon Hill

Das Buch wurde vor fast 100 Jahren geschrieben und hat nichts an Bedeutung und Aktualität eingebüßt. Der Autor hat über 500 Gespräche mit Millionären seiner Zeit geführt, darunter Henry Ford und Carnegy. Die Essenz aus all den Erkenntnissen schreibt er in einer Handvoll Erfolgsgesetzen nieder, die sich in einer halben Stunde durchlesen lassen. Dieses Buch hat, seit dem es erschienen ist, tausenden von Menschen zu einem neuen Leben verholfen.	• Taschenbuch: 112 Seiten • Verlag: Ariston; Auflage: 1 (12. August 2005) • Sprache: Deutsch • ISBN-10: 372052664X • ISBN-13: 978-3720526647

Die Wissenschaft des Reichwerdens: Hörbuch

Wallace Wattles

Dieses Buch oder Hörbuch wurde vor 100 Jahren geschrieben. Es zeigt den Zusammenhang zwischen unserem Denken und Handeln und der Möglichkeit, Reichtum anzuhäufen auf. Mich hat das Buch „gerockt", würde ich auf neudeutsch sagen. Es ist in der Tat, was es verspricht: Eine praktische Anleitung für Wohlstand.	• 3 CDs + Pappband: 104 Seiten • Verlag: Life Success Media GmbH; • Auflage: 1. (1. April 2008) • ISBN-10: 3902114460 • ISBN-13: 978-3902114464

The Secret - Das Geheimnis (DVD)

Rhonda Byrne

Dieses Video beschäftigt sich mit dem wichtigsten universellen Gesetz, das unser aller Leben prägt. Dem Gesetz der Anziehung. Vielen wird der Film nicht schmecken, weil er uns die gesamte Verantwortung für unser Leben gibt. Er lässt es nicht zu, dass wir Opfer sind und Einflüssen von außen die Schuld an unserem Schicksal geben. Vor allem aber gibt der Film uns einen interessanten Schlüssel in Form einer Erkenntnis in die Hand, mit der wir unser Leben komplett ändern können.In einem Satz würde diese lauten: Es ist sinnvoll, sich gut zu fühlen, denn gute Gefühle ziehen gute Erfahrungen an, die sich wiederum gut anfühlen. Ein Film für jeden, der sich offen für die spirituellen Gesetze fühlt.	• Format: Dolby, PAL, • Sprache: Deutsch • Region: Alle Regionen • ASIN: B000ULMBX8

Werbung mit kleinem Budget:
Der Ratgeber für Existenzgründer und Unternehmen

Bernd Röthlingshöfer

Wenn das Budget knapp ist, muss man kreativ sein. Dann braucht man Ideen. Dieses Buch gibt einem eine Menge davon. Ganz ohne Werbedeutsch zeigt dieser Ratgeber, was man für erfolgreiche Werbung braucht, gibt praxisnahe Tipps und Handlungsanleitungen und stiftet an zu neuen unkonventionellen Ideen, die nicht die Welt kosten, aber maximale Wirkung zeigen. Lesenswert.	• Taschenbuch: 256 Seiten • Verlag: Deutscher Taschenbuch • Verlag; Auflage: 2. Auflage (1. Oktober 2008) • Sprache: Deutsch • ISBN-10: 3423508760 • ISBN-13: 978-3423508766

Praxis-Handbuch Marketing:
Erfolgreiches und kostengünstiges Marketing für Selbständige

Bodo Schäfer

Wie man sich zeigt, das zeigt uns Bodo Schäfer hier in diesem Buch. Leicht geschrieben und erkenntnisreich präsentiert der Autor den Weg, sich bekannt zu machen. Neben Anregungen zum Umgang mit Kunden werden auch die Unique Selling Proposition, Empfehlungsmarketing und der Umgang mit der Presse und mit Werbeagenturen angesprochen. Es ist ein Praxisbuch mit vielen Tipps und Antworten.	• Broschiert: 83 Seiten • Verlag: Rsi.Bookshop; Auflage: 3. Auflage. (Juli 2008) • Sprache: Deutsch • ISBN-10: 3936135258 • ISBN-13: 978-3936135251

Danksagung

Michael Kudla
Grafiker mit Auge, Herz und Seele (www.michael-kudla.de)
... Du hast Dich für dieses Projekt richtig engagiert. Die Grafiken für das Buch und Webseite haben meine kühnsten Erwartungen übertroffen. Durch Dich konnte ich meine gestalterische Vision von dem umsetzen, was ich mir vorgestellt hatte und bin ganz verliebt in das Ergebnis. Dank Dir!

Jörg Laubrinus
Coach und Redner (www.laubrinus.de)
... Von Dir habe ich so viel gelernt. Das hat mein ganzes Leben innerhalb kürzester Zeit komplett auf den Kopf gestellt. Ich glaube, dadurch habe ich mir viele Jahre Umwege gespart. Dafür und für so Vieles mehr, vielen Dank!

Stephan Rau
Großartiger Texter und Sprecher (www.stephanrau.de)
.... Du hast mir beim Texten vieler Passagen sehr geholfen, meine Gedanken zu sortieren und die treffenden Worte zu finden. Ich fühlte mich von Dir sehr verstanden. Du hast echt ein außerordentliches Gespür für Sprache. Vielen Dank für Deine Hilfe bei diesem Projekt.

Anja Sieber
Texterin
... Ohne Dich, wäre ich niemals so weit gekommen. Du bist mit mir die ersten Schritte gegangen und hast mir geholfen meine Gedanken aufs Papier zu kriegen. Danke Dir dafür!

Sabine Winnemuth
Künstlerin und Galeristin (www.roomotions.com)
... Du bist ein großer Schatz! Du hast an mich immer geglaubt und mich unterstützt. Deine Meinung war und ist mir sehr wichtig. Danke Dir für Deine ständige Ermutigung und für alles andere auch!

Claudia Condée
Lektorin
... Deinem Adler-Auge entgeht nichts. Danke für die Korrektur des Buches. Das hat mir sehr geholfen.

Michael Blechmann
Illustrator
... Ich wusste schon immer, dass Du der richtige Mann für die Illustration meines Buchtitels bist. Du hast ein unglaubliches Talent und ich wünsche Dir, dass die ganze Welt das sieht.

Willy Kramer
Meister der Underground-Comedy (www.willykramer.de)
... Du warst der erste, dem ich von meinem Buchprojekt erzählt habe und Du hast mich von diesem ersten Augenblick an ermutigt, hast nie gezweifelt, dass ich es schaffen werde und Dich immer über alle meine Erfolge gefreut. Es tut so gut, Dich in meinem Leben zu wissen und meine Freude mit Dir zu teilen.

Tom B.
... Als wir beim Mittagessen saßen und ich Dir von meinem Buch erzählt habe, hast Du mir den Titel geschenkt. Ein wundervolles Geschenk, das noch sehr lange tragen wird.

Stephan B.
... Danke Dir, dass Du mir Deine wunderbare Bewerbung zur Verfügung gestellt hast. Das wird vielen Menschen helfen sich zu zeigen.

Alle anderen, die mir bei meinem Buchprojekt geholfen haben oder damit und davon berührt worden sind.

... Ihr habt mir Eure Geschichten geschenkt für dieses Buch. Dafür möchte ich Euch von ganzem Herzen danken. Ohne Euch hätte ich selbst niemals so viel gelernt. Ihr habt mir geholfen, die Erfolgsformel auf Herz und Nieren zu prüfen und sie zu beweisen. **DANKE!**

„Die meisten Menschen geben auf …

… bevor Sie gescheitert sind!“